ACM国际大学生程序设计竞赛（ACM–ICPC）系列丛书

ACM–ICPC 基本算法

滕国文 李昊 编著

清华大学出版社
北 京

内容简介

本书简要介绍了 ACM-ICPC（ACM 国际大学生程序设计竞赛）、算法和算法设计的基础知识，重点讲解算法设计方法，给出了 ACM-ICPC 中常用的 10 种算法设计方法：求值法、递推法、递归法、枚举法、模拟法、分治法、贪心法、回溯法、构造法和动态规划法。本书针对每种程序设计方法，首先阐述该方法的基本思想，然后通过典型例题进行详细讲解，最后通过实战训练予以巩固和提高。

本书注重 ACM-ICPC 的基本算法，思想高度概括、例题深入浅出、实战耐人寻味。本书可作为 ACM 国际大学生程序设计竞赛和中学青少年信息学奥林匹克竞赛的指导书，也可作为 IT 技术人员和计算机编程爱好者的参考书。

图书在版编目（CIP）数据

ACM-ICPC 基本算法 / 滕国文，李昊编著. —北京：清华大学出版社，2018（2024.2重印）
（ACM 国际大学生程序设计竞赛（ACM-ICPC）系列丛书）
ISBN 978-7-302-50313-2

Ⅰ.①A…　Ⅱ.①滕…　②李…　Ⅲ.①程序设计–算法–高等学校–教学参考资料　Ⅳ.①TP311.1

中国版本图书馆 CIP 数据核字（2018）第 114973 号

责任编辑：袁勤勇　常建丽
封面设计：傅瑞学
责任校对：焦丽丽
责任印制：丛怀宇

出版发行：清华大学出版社
网　　址：https://www.tup.com.cn, https://www.wqxuetang.com
地　　址：北京清华大学学研大厦 A 座　　邮　　编：100084
社 总 机：010-83470000　　邮　　购：010-62786544
投稿与读者服务：010-62776969，c-service@tup.tsinghua.edu.cn
质 量 反 馈：010-62772015，zhiliang@tup.tsinghua.edu.cn
课 件 下 载：https://www.tup.com.cn, 010-83470236
印 装 者：三河市龙大印装有限公司
经　　销：全国新华书店
开　　本：185mm×260mm　　**印　　张**：14.5　　**字　　数**：355 千字
版　　次：2018 年 9 月第 1 版　　**印　　次**：2024 年 2 月第 8 次印刷
定　　价：48.00 元

产品编号：077040-02

前言

ACM-ICPC 是国际计算机学会组织的国际大学生程序设计竞赛。这项赛事是大学生智力与计算机解题能力的竞赛，是大学生展示水平与才华的大舞台，是各高校计算机教育成果的直接体现，也是 IT 企业与世界顶尖计算机人才对话的最佳机会。因而，程序设计竞赛吸引了越来越多的高校参赛。

ACM-ICPC 中的“基本算法”用于指导学生分析问题和设计算法解决问题。学习常用基本算法设计方法，有助于理解算法设计的基本思想和科学原理，掌握算法设计的基本知识和基本技能，掌握算法设计中的计算思维和解题策略。

在本书各章的讨论中，首先介绍一种算法设计方法的基本思想，然后将计算机经典问题和算法设计方法很好地结合起来，运用该算法设计方法去解决这些问题，并给出 C 语言描述，最后通过实战训练予以巩固和提高，以达到融会贯通的效果。

本书的资料来源于吉林师范大学 ACM-ICPC 训练讲义，所选典型例题和实战训练题目分别来自吉林师范大学 ONLINE JUDGE（JLOJ），网址为 http://acm.jlnu.edu.cn；北京大学 ONLINE JUDGE（POJ），网址为 http:// poj.org；浙江大学 ONLINE JUDGE（ZOJ），网址为 http://acm.zju.edu.cn；杭州电子科技大学 ONLINE JUDGE（HDOJ），网址为 http://acm.hdu.edu.cn。

全书共 11 章。第 1 章简要介绍了 ACM-ICPC、算法、算法分析和优化的基础知识；第 2～11 章系统讲解了 10 种常用的算法设计方法，分别为求值法、递推法、递归法、枚举法、模拟法、分治法、贪心法、回溯法、构造法和动态规划法。

本书由吉林师范大学滕国文教授和李昊讲师撰写，从 2005 年开始，两位老师先后担任吉林师范大学 ACM-ICPC 代表队的主教练，开设了 ACM-ICPC 选修课，并成立了 ACM-ICPC 集训队，进行了十多年的教学尝试和实践训练。集训队主力队员施海勇、郭志鑫、李俊岐、李长彬和李婉琪参加了本书部分代码编写和程序调试工作，白文秀、曹宇、滕泰、于淼、温毓铭、王双印、李然、高巨、赵腾飞和米雪阳等参与了本书文稿的校对工作，作者在此一并致以诚挚的谢意！全书由滕国文教授统稿。

在本书的编写过程中，作者参阅并借鉴了国内外诸多同行的文章和著作，这里不一一列举、标明，在此向他们致以谢意！

由于作者水平有限，加之学科理论与技术发展日新月异，对于书中疏漏与不妥之处，恳请广大读者批评指正。

作　者

2018 年 1 月

目 录

第1章 ACM与算法概述

1.1 ACM-ICPC简介

ACM国际大学生程序设计竞赛（ACM International Collegiate Programming Contest，ACM-ICPC）由美国计算机协会（Association for Computing Machinery）主办，是世界上公认的规模最大、水平最高的国际大学生程序设计竞赛，有“程序设计的奥林匹克”之美称。其目的是使大学生运用计算机来充分展示自己分析问题和解决问题的能力。该项竞赛云集了计算机界的“精英”，引起国际各知名大学的重视，受到全世界各著名计算机公司的高度关注，成为世界各国大学生最具影响力的国际级计算机类的赛事。

ACM-ICPC的宗旨是培养参赛选手的创造力、团队合作精神以及他们在软件程序开发过程中的创新意识，同时也检测选手们在压力下进行开发活动的能力。可以说，ACM国际大学生程序设计竞赛是参赛选手展示计算机才华的广阔舞台，是著名大学计算机教育成果的直接体现，是信息企业与世界顶尖计算机人才对话的最好机会。

1.1.1 历史

ACM-ICPC于1970年，在美国得克萨斯A & M大学举办了首届比赛，当时的主办方是UPE计算机科学荣誉协会Alpha分会（the Alpha Chapter of the UPE Computer Science Honor Society）。作为一种全新的发现和培养计算机科学顶尖学生的方式，竞赛很快得到美国和加拿大多所大学的积极响应。1977年，在ACM计算机科学会议期间举办了首次总决赛，并演变成为目前的一年一届的国际性比赛。

最初几届比赛的参赛队伍主要来自美国和加拿大，后来逐渐发展成为一项世界范围内的竞赛，特别是自1997年IBM开始赞助赛事之后，赛事规模增长迅速。1997年，共有来自560所大学的840支队伍参加比赛。到了2004年，这一数字迅速增加到840所大学的4109支队伍，并以每年10%～20%的速度增长。1980年，ACM将竞赛的总部设在位于美国得克萨斯州的贝勒大学。在赛事的早期，冠军多为美国和加拿大的大学。进入20世纪90年代后期，俄罗斯和其他一些东欧国家的大学连夺数次冠军。来自中国的上海交通大学代表队则在2002年美国夏威夷第26届、2005年上海举行的第29届和2010年中国哈尔滨的第34届全球总决赛上三夺世界冠军；2011年，在美国奥兰多举行的第35届全球总决赛上，浙江大学获得世界冠军。这是到目前为止亚洲大学在该竞赛上取得的最好成绩。赛事的竞争格局已经由最初的北美大学一枝独秀演变成目前的亚欧对抗的局面。

1.1.2 比赛规则

ACM-ICPC 以团队的形式代表各学校参赛，每队由 3 名队员组成。每位队员必须是入校 5 年内的在校大学生，最多可以参加 2 次全球总决赛和 4 次区域选拔赛。比赛期间，每队使用 1 台计算机，需要在 5 小时内使用 C、C++、Pascal 或 Java 中的一种语言编写程序解决 8 或 10 个问题（通常是区域选拔赛 8 题，全球总决赛 10 题）。程序完成之后提交给在线评测系统去运行，运行的结果为正确或错误两种并及时通知参赛队。每道试题用时将从竞赛开始到试题解答被判定为正确为止，其间每次提交运行结果被判错误将被加罚 20 分钟时间，未正确解答的试题不计时。每队在正确完成一题后，组织者将在其位置上升起一只代表该题颜色的气球。每道题目的第一支解决队伍还会额外获得一个 FIRST PROBLEM SOLVED 气球。

竞赛结束后，参赛各队以解出问题的多少进行排名，规则如下：

（1）正确解决题目数较多的参赛队排名在前。

（2）对于正确解决题目数相同的参赛队，总罚时少的参赛队排名在前。

罚时的计算方法如下：

一场比赛中的总罚时是所有正确解决的题目的罚时之和，没有正确解决的题目不计罚时。对于正确解决的某道题目，这一题目的罚时=从比赛开始到正确解决这道题目经过的分钟数+正确解决之前错误的提交次数×20 分钟。例如，A、B 两队都正确完成两道题目，其中 A 队提交这两题的时间分别是比赛开始后 1:00 和 2:45，B 队为 1:20 和 2:00，但 B 队有一题提交了 2 次。这样，A 队的总用时为 1:00+2:45=3:45，而 B 队为 1:20+2:00+0:20=3:40，所以 B 队以总用时少而获胜。

1.1.3 区域和全球决赛

与其他计算机程序竞赛（如国际信息学奥林匹克竞赛，IOI）相比，ACM-ICPC 的特点在于其题量大，每队需要 5 小时内完成 8 道题目，甚至更多。另外，一支队伍 3 名队员只有 1 台计算机，使得时间显得更为紧张。因此，除了扎实的专业水平，良好的团队协作和心理素质同样是获胜的关键。

该项竞赛分区域预赛和全球总决赛两个阶段进行。各预赛区第一名自动获得参加全球总决赛的资格。决赛安排在每年的 3—4 月举行，而区域预赛一般安排在上一年的 9—12 月举行。一个大学可以有多支队伍参加区域预赛，但只能有一支队伍参加全球总决赛。

全球总决赛第一名将获得奖杯一座。另外，成绩靠前的参赛队伍也将获得金、银或铜牌。而解题数在中等以下的队伍会得到确认，但不会进行排名。

1.2 算法与问题求解

用计算机解决实际问题时，最终要编写程序。根据著名的计算机科学家尼克拉斯·沃思（Niklaus Wirth）提出的著名公式：

算法＋数据结构＝程序

可以看出，要编写程序，必须确定算法和数据结构。

1.2.1　算法的定义

算法就是为了求解问题而给出的指令序列，可以理解为由基本运算及规定的运算顺序构成的完整的解题步骤，而程序是算法的一种实现。计算机按照程序逐步执行算法，实现对问题的求解。简单说，算法可以看成是按照要求设计好的有限的确切的计算序列，并且这样的步骤和序列可以解决某个（类）问题。

算法设计的重点是把人类找到的求解问题的方法、步骤，以过程化、形式化、机械化的形式表示出来，以便让计算机执行。

对于一个问题，如果可以通过一个计算机程序在有限的存储空间内运行有限的时间而得到正确的结果，则称这个问题是算法可解的，但算法不等于程序，也不等于计算方法。当然，程序也可以作为算法的一种描述，但程序通常还需要考虑很多与方法和分析无关的细节问题，这是因为在编写程序时要受到计算机系统环境的限制。通常，程序的编制不可能优于算法的设计。

算法是一个十分古老的研究课题，然而计算机的出现为这个课题注入了青春和活力，使算法的设计和分析成为计算机科学中的研究热点之一。

1967 年，D.E.Knuth 指出：“算法是贯穿在所有计算机程序设计中的一个基本概念。”所以，算法被誉为计算机学科的灵魂。

数学大师吴文俊指出：“我国传统数学在从问题出发以解决问题为主旨的发展过程中，建立了以构造性与机械化为其特色的算法体系，这与西方数学以欧几里得《几何原本》为代表的所谓公理化演绎体系正好遥遥相对。……肇始于我国的这种机械化体系，在经过明代以来近几百年的相对消沉后，由于计算机的出现，已越来越为数学家所认识与重视，势将重新登上历史舞台。”吴文俊创立的几何定理的机器证明方法（世称吴方法）用现代的算法理论，使得中国古代传统算法发扬光大，受到国家的高度关注，也享有很高的国际声誉。

1.2.2　问题求解

用计算机解决实际问题，就是在计算机中建立一个解决问题的模型。在这个模型中，计算机内部的数据表示了需要被处理的实际对象，包括其内在的性质和关系、处理这些数据的程序、模拟对象领域中的求解过程。通过解释计算机程序的运行结果，便得到了实际问题的解。下面给出用计算机求解问题的一般步骤。

1. 问题分析

这个阶段的任务是弄清题目提供的已知信息和所要解决的问题。完整地理解和描述问题是解决问题的关键。要做到这一点，必须注意以下问题：是否明白在未经加工的原始表达中用的术语的准确定义？题目提供了哪些已知信息？还可以得到哪些潜在的信息？题目中做了哪些假定？题目要求得到什么结果？等等。针对每个具体问题，必须认真审查问题的有关描述，深入分析，以加深对问题的准确理解。

2. 数学模型的建立

用计算机解决实际问题，必须建立正确的数学模型。因为在现实问题前，计算机是无能为力的。对一个实际问题建立数学模型，可以考虑这样两个基本问题：最适合此问题的数学模型是什么？是否有已经解决了的类似问题可以借鉴？

建立数学模型是最关键且较困难的一步，涉及 4 个世界和三级抽象。4 个世界分别是：现实世界（客观世界）、信息世界（概念世界）、数据世界、计算机世界；三级抽象分别是：现实世界到信息世界的抽象，建立信息模型或概念模型；信息世界到数据世界的抽象，转化信息数据建立数据模型；数据世界到计算机世界的抽象，建立存储模型在计算机中实现。

3. 算法设计

算法设计是指设计求解某一特定类型问题的一系列步骤，并且这些步骤是可以通过计算机的基本操作来实现的。算法设计要同时结合数据结构的设计。简单说，数据结构的设计就是选取存储方式，因为不同的数据结构的设计将导致算法的差异很大。算法的设计与模型的选择更是密切相关的，但同一模型仍然可以有不同的算法，而且它们的有效性可能有相当大的差距。

算法设计方法也称算法设计技术，或算法设计策略，是设计算法的一般性方法，可用于解决不同计算领域的多种问题。虽然设计算法，尤其是设计出好的算法是一项非常困难的工作，但是设计算法也不是没有方法可循，人们经过几十年的工作，总结和积累了许多行之有效的方法，了解和掌握这些方法会给我们解决问题提供一些思路。本书讨论的算法设计方法已经被证明是对算法设计非常实用的通用技术，包括求值法、递推法、递归法、枚举法、模拟法、分治法、贪心法、回溯法、构造法和动态规划法等。这些算法设计方法构成了一组强有力的工具，可用于大量实际问题的求解。

4. 算法表示

对于复杂的问题，确定算法后可以选择一种算法描述方法来准确表示算法。算法的描述方式有很多，如传统流程图、盒图、PAD 图、伪码和高级语言等。其中，高级语言是最理想的描述算法的方法，因此本书选择 C 语言来表示算法。

5. 算法分析

算法分析的目的，首先是为了对算法的某些特定输入，估算该算法所需的内存空间和运行时间，其次是为了建立衡量算法优劣的标准，用以比较同一类问题的不同算法。一般来说，一个好的算法首先应该是比同类算法的时间效率高，算法的时间效率用时间复杂度来度量。

6. 算法实现

算法实现是指编码，也就是平常说的编程序，即将算法设计“转译”成某种计算机语言的表述形式，才能够在计算机上执行。编码的目的是使用选定的程序设计语言把算法描述翻译成为用该语言编写的源程序（或源代码）。源程序应该正确可靠、简明清晰，而且具有较高的效率。

在把算法转变为程序的过程中，虽然现代编译器提供了代码优化功能，但是仍然需要一些技巧，如在循环之外计算循环中的不变式、合并公共子表达式等。

7. 程序调试

程序调试也称算法测试，其任务首先是发现和排除在前几个阶段中产生的错误，经测试通过的程序才可投入运行，在运行过程中还可能发现隐含的错误和问题，因此，必须在使用中不断地维护和完善。

算法测试的实质是对算法应完成任务的实验证实，同时确定算法的使用范围。测试方法一般有两种：白盒测试，对算法的各个分支进行测试；黑盒测试，检验对给定的输入是否有指定的输出。

8. 整理结果、编制文档

整理结果时，要对计算结果进行分析，看其是否符合实际问题的要求，如果符合，问题得到解决，可以结束；如果不符合，说明前面的步骤一定存在问题，必须返回，从头开始逐步检查，找出错误并重新设计，这个循环过程也可能重复多次。

编制文档的目的是让别人理解你编写的算法。首先要把代码编写清楚，代码本身就是文档，同时还有代码的注释。另外还包括算法的流程图，自顶向下各研制阶段的相关记录，算法的正确性证明（论述），算法测试过程、结果，对输入输出的要求及格式的详细描述等。

1.3　算法的特性

1.3.1　算法的要素

算法由操作、控制结构和数据结构三要素组成。

1. 操作

算法实现平台尽管有许多种类，它们的函数库、类库也有较大差异，但是必须具备的最基本的操作功能是相同的。这些操作包括：

算术运算：加法、减法、乘法、除法等运算。

关系比较：大于、小于、等于、不等于等运算。

逻辑运算：与、或、非等运算。

数据传送：输入、输出、赋值等操作。

2. 控制结构

一个算法功能的实现不仅取决于所选用的操作，而且还与各操作之间的执行顺序有关。算法中各操作之间的执行顺序称为算法的控制结构。算法的控制结构给出了算法的基本框架，它不仅决定了算法中各操作的执行顺序，而且也直接反映了算法的设计是否符合结构化原则。

算法的基本控制结构有下列 3 种。

（1）顺序结构：顺序结构是程序设计中最简单、最常用的基本结构。在该结构中，各操作块按照出现的先后顺序依次执行。它是任何程序的主体基本结构，即使在选择结构或循环结构中，也常以顺序结构作为其子结构。

（2）选择结构：又称为分支结构，是指程序依据条件所列出表达式的结果来决定执行多个分支中的哪一个分支，进而改变程序执行的流程。依据条件选择分支的结构称为选择结构。

（3）循环结构：某一类问题可能需要重复多次执行完全一样的计算和处理方法，而每次使用的数据都按照一定的规律在改变。这种可能重复执行多次的结构称为循环结构，又称重复结构。

3. 数据结构

算法操作的对象是数据，数据间的逻辑关系、数据的存储方式及处理方式就是数据结构。它与算法设计是紧密相关的。

有了计算机的帮助，许多过去靠人工无法计算的大量复杂问题就有了解决的希望。不过，使用计算机进行计算，首先要解决的是如何将被处理的对象存储到计算机中，也就是要选择适当的数据结构。

1.3.2 算法的基本特性

算法应具有以下 5 个重要特性。

（1）输入：一个算法应有 0 个或多个外部量作为算法的输入。有些输入量需要在算法执行过程中输入，而有些算法表面上可以没有输入，实际上已被嵌入算法之中。

（2）输出：一个算法应产生一个或多个量作为输出。它是一组与输入有确定关系的量值，是算法进行信息加工后得到的结果。

（3）确定性：算法中的每条指令必须有确切的含义，无二义性，即每种情况下应执行的操作在算法中都有确切的规定，使算法的执行者或阅读者都能明确其含义及如何执行。在任何条件下，对于相同的输入，只能得到相同的输出。

（4）有穷性：指算法必须能在执行有限步骤后、有限的时间内终止，即每条指令的执行次数和执行时间必须是有限的。

（5）可行性：算法描述的操作可以通过已经实现的基本操作执行有限次来实现。就是指算法的每个步骤，计算机都能执行。计算机能执行的动作是预先设计好的，一旦出厂就不会改变。所以，设计算法时，应考虑每个步骤必须能用计算机所能执行的操作命令实现。

综上所述，算法是一组严谨定义运算顺序的规则，并且每个规则都是有效的、明确的，此顺序将在有限的次数下终止。

1.4 算法的描述

算法设计者在构思和设计了一个算法之后，必须清楚准确地将所设计的求解步骤记录下来，即算法描述。常用的算法描述方法有：自然语言、传统流程图、N-S 图、PAD 图、伪代码和高级语言等。本书使用高级语言中的 C 语言来描述算法。

下面首先给出 3 种基本控制结构的描述，然后详细列出 C 算法描述的约定。

1.4.1　基本控制结构的描述

计算机科学家已经证明只使用 3 种基本控制结构就可以构建解决任何复杂问题的算法。这 3 种基本控制结构是：顺序结构、选择结构和循环结构。

为了更好地领会和理解这 3 种基本控制结构，下面对照给出 C 语言与 N-S 图两种描述方法，并作如下约定：S（Statement），S1，S2 代表语句；E（Expression），E1,E2,E3 代表表达式；T（True）代表逻辑“真”（成立），F（False）代表逻辑“假”（不成立）。

1. 顺序结构

① C 语言描述：

```
S1
S2
```

即 S1 语句在前，S2 语句在后。

② N-S 图描述：

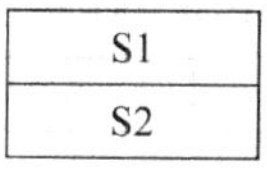

顺序结构是指程序的执行次序与程序的书写次序一致，即先执行 S1，后执行 S2。

2. 选择结构

1）简单选择结构

① C 语言描述：

```
if( E )
    S
```

② N-S 图描述：

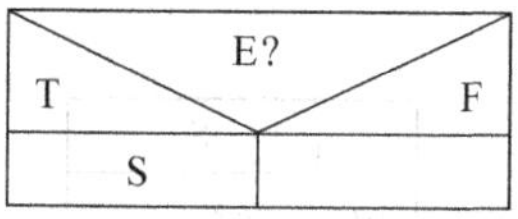

简单选择结构执行时，先判断表达式 E，若为非零（成立），则执行 S；否则什么都不做。

2）一般选择结构

① C 语言描述：

```
if ( E )
    S1
else
    S2
```

② N-S 图描述：

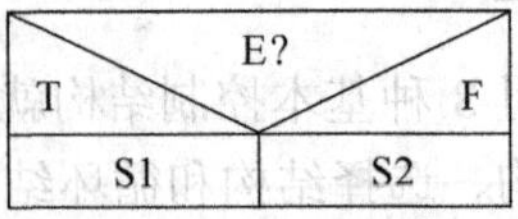

一般选择结构执行时，先判断表达式 E，若为非零（成立），则执行 S1；否则执行 S2。S1 与 S2 只执行其一。

3．循环结构

1）while 循环

① C 语言描述：

```
while ( E )
 S
```

② N-S 图描述：

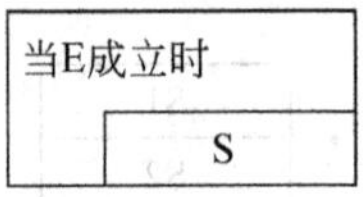

while 循环执行过程：首先判断表达式 E，若为非零（成立），则执行语句 S；执行语句 S 后，再返回表达式 E 的判断，如果仍为非零（成立），再次执行语句 S；如此反复，直到某次表达式 E 为零（不成立）为止，结束该循环。

2）do-while 循环

① C 语言描述：

```
do
   S
while ( E ) ;
```

② N-S 图描述：

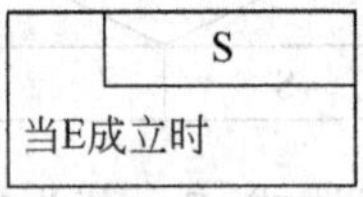

do-while 循环执行过程：首先执行一次语句 S，然后判断表达式 E，若为非零（成立）时，则再次执行语句 S；执行语句 S 后，再返回表达式 E 的判断，如果仍为非零（成立），再次执行语句 S；如此反复，直到某次表达式 E 为零（不成立）为止，结束该循环。

3）for 循环

① C 语言描述：

```
for (E1; E2; E3)
   S
```

② N-S 图描述：

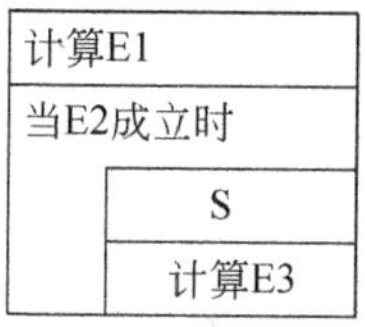

for 循环执行过程：首先计算表达式 E1，之后判断表达式 E2，若为非零（成立）时，则执行语句 S，并计算表达式 E3；然后再返回表达式 E2 的判断，如果仍为非零（成立），再次执行语句 S，并计算表达式 E3；如此反复，直到某次表达式 E2 为零（不成立）为止，结束该循环。

1.4.2　C 算法描述的约定

1. 算法表示形式

本书中所有的算法都以如下的 C 函数形式表示。

① 定义格式：

```
[函数返回值类型] 函数名（[形式参数表列及说明]）
{
    声明部分
    执行语句部分
}
```

函数的定义主要由函数说明部分和函数体两部分组成，用大括号“{”和“}”括起来的部分为函数体，其前面为函数说明部分。函数中用方括号“[”和“]”括起来的部分为可选项，但函数名之后的圆括号“(”和“)”是不能省略的。函数通常用 return 语句将指定的值返回给调用者。

② 调用格式：

```
函数名（[实际参数表列]）
```

③ 形实参结合方式

形式参数与实际参数之间信息传递的主要方式有两种：一是值传递，即将实参表达式的值依次传递给对应的形式参数，而形参的改变不会影响到实参，通常称为单向的传值过程；二是地址传递，即将实参变量的地址依次传递给对应的形式参数，这时对应的形参和实参就具有了相同的地址，也就是说它们共享地址空间，因此，若形参改变，则实参必然随之改变。对此，有人说成是双向传递过程。通过上面的讲解，我们知道这种说法是不对的，或者说是不准确的。

2. 模块化设计

根据结构化程序设计的思想，将一个大任务分解成若干个功能独立的子任务。因此，算法可由一个主函数和若干个其他函数组成。C 的函数相当于其他语言中的子程序，用函数来实现特定的功能。一个完整的、可执行的 C 程序文件的一般结构如下：

```
[文件包含命令]
[宏定义命令]
[用户自定义类型]
[所有子函数的原型说明]
[子函数 1 的定义]
…
[子函数 n 的定义]
[主函数定义]
```

其中每个子函数都具有独立功能，如需要修改某个子函数，并不影响其他函数的运行。

3. 数据类型及其定义

1）基本数据类型

整型 int、长整型 long、无符号整型 unsigned、字符型 char、实型 float、双精度实型 double 等。

2）构造数据类型

① 数组

定义格式：

```
类型名  数组名[常量表达式]
类型名  数组名[常量表达式 1][常量表达式 2]
```

② 结构体

定义格式：

```
struct   [结构体名]
{
  类型名 1  成员名 1 ;
  类型名 2  成员名 2 ;
   …
  类型名 n  成员名 n ;
};
```

3）变量定义

① 一般变量

定义格式：

```
类型名  变量名表列;
```

② 结构体变量

定义格式：

```
struct   结构体名  变量名表列;
```

③ 指针变量

定义格式：

```
类型名  *变量名表列;
```

4. 其他约定

(1) 注释格式

本书中的注释一律采用以下格式：

```
/*   字符串    */
```

(2) 宏定义

格式：

```
#define  标识符常量  字符串
```

(3) 文件包含

格式：

```
#include  "文件名"  或  #include <文件名>
```

1.5 算法分析

1.5.1 算法的评价标准

如何评价一个算法的优劣呢？一个“好”的算法评价标准一般有下列 5 个方面。

1）正确性

说一个算法是正确的，是指对于一切合法的输入数据，该算法经过有限时间的执行都能产生正确（或者说满足规格说明要求）的结果。正确性是算法设计最基本、最重要、第一位的要求。

2）可读性

可读性的含义是指算法思想表达的清晰性、易读性、易理解性、易交流性等多个方面，甚至还包括适应性、可扩充性和可移植性等。一个可读性好的算法常常也相对简单。

3）健壮性

一个算法的健壮性是指其运行的稳定性、容错性、可靠性和环境适应性等。当出现输入数据错误、无意的操作不当或某种失误、软硬件平台和环境变化等故障时，能否保证正常运行，不至于出现莫名其妙的现象、难以理解的结果，甚至死机等。

4）时间复杂度

为了分析某个算法的执行时间，可以将那些对所研究的问题来说是基本的操作或运算分离出来，再计算基本运算的次数。一个算法的时间复杂度是指该算法所执行的基本运算的次数。下一节将详细介绍。

5）空间复杂度

算法执行需要存储空间来存放算法本身包含的语句、常量、变量、输入数据和实现其运算所需的数据（如中间结果等），此外还需要一些工作空间来对数据（以某种方式存储）进行操作。算法占用的空间数量与输入数据的规模、表示方式、算法采用的数据结构、算法的设计以及输入数据的性质有关。算法的空间复杂性指算法执行时所需的存储空间的度量。

在评价一个算法优劣的这 5 个标准中，最重要的有两个：一是时间复杂度；二是空间复杂度。人们总是希望一个算法的运行时间尽量短，而运行算法所需的存储空间尽可能小。实际上，这两个方面是有矛盾的，节约算法的执行时间往往以牺牲更多的存储空间为代价，节省存储空间可能要耗费更多的计算时间。所以，要根据具体情况在时间和空间上找到一个合理的平衡点，这就称为算法分析。

1.5.2 算法的时间复杂性

1. 和算法执行时间相关的因素

（1）问题中存储数据的数据结构。

（2）算法采用的数学模型。

（3）算法设计的策略。

（4）问题的规模。

（5）实现算法的程序设计语言。

（6）编译算法产生的机器代码的质量。

（7）计算机执行指令的速度。

2. 算法效率的衡量方法

通常有两种衡量算法时间效率的方法。

1）事后统计法

事后统计法是先将算法用程序设计语言实现，然后度量程序的运行时间。因为很多计算机内部有计时功能，所以可通过一组或多组统计数据来衡量不同算法的优劣。这种度量方法的缺点是：

（1）必须先用程序设计语言实现算法，并执行算法，才能判断算法的分析，这与算法分析的目的相违背。

（2）不同的算法在相同环境下运行分析，工作效率太低。

（3）若不同算法的运行环境有差异，其他因素（如硬件、软件环境）可能掩盖算法本质上的差异。

所以，一般很少采用事后分析法去对算法进行分析，除非是一些响应速度要求特别高的自动控制算法或非常复杂不易分析的算法。

2）事前分析估算法

事前分析估算法也称预先计算估计法，是指在算法设计时，事前评价其时空效率问题。最常用的是近似估计法：时间复杂度估算。

3. 时间复杂度

一个算法耗费的时间，应该是该算法中每条语句的执行时间之和，而每条语句的执行时间是该语句的执行次数与该语句执行一次所需时间的乘积，即：

算法的执行时间=∑原操作的执行次数×原操作的执行时间

显然，算法的执行时间与原操作执行次数之和成正比。由于原操作的执行时间相关因素太多了，在前面“和算法执行时间相关的因素”中已经给出。按照数学研究问题的思想，将原操作的执行时间看作单位时间 1。

语句的频度（也称频度）是指该语句重复执行的次数。

算法的执行时间是：

算法的执行时间=∑频度

例如：

```
for (j=1;j<=n;j++)
     for (k=1;k<=n;k++)
          ++x;
```

该算法段中：

语句“k=1；j<=n；j++；”的频度是 n；

语句“j=1；”的频度是 1；

语句“++x；k<=n；k++；”的频度是 n^2；

算法的执行时间为：$3*n^2+3n+1$。

一般情况下，算法的时间效率是问题规模 n 的函数，可记作：T(n)=O (f(n))。其中，n 表示问题的规模，即算法所处理的数据量。这里表示随着问题规模 n 的增长，算法执行时间的增长率和 f(n)的增长率相同，称 T(n)为算法的渐近时间复杂度（Asymptotic Time Complexity），简称时间复杂度。O 是数学符号，表示数量级，读作阶。

上面例子的时间复杂度为 $T(n)=O(n^2)$。

通常，算法时间复杂度有以下几种数量级的形式（n 为问题的规模，c 为一常量）：

O(1)称为常数级（阶）、O(logn)称为对数级、O(n)称为线性级、$O(n^c)$称为多项式级、$O(c^n)$称为指数级、O(n!)称为阶乘级等。

为了进一步简化时间复杂度的表示，还有以下 3 种时间复杂度评价指标。

最坏时间复杂度：是指在最坏情况下执行一个算法所花费的时间。

最好时间复杂度：是指在最好情况下执行一个算法所花费的时间。

平均时间复杂度：是指在平均情况下执行一个算法所花费的时间。

1.5.3 算法的空间复杂性

一个算法的存储量通常包括：

（1）输入数据所占空间。

（2）算法本身所占空间。

（3）辅助变量所占空间。

其中，输入数据所占空间只取决于问题本身，与算法无关。算法本身所占空间与算法有关，但一般其大小是相对固定的。所以，研究算法的空间效率，只需要分析除输入和算法本身之外的辅助空间。若所需辅助空间相对输入数据量来说是常数，则称此算法为原地工作，否则它应当是问题规模的一个函数。

算法的空间复杂度是指算法在执行过程中所占辅助存储空间的大小，用 S(n)表示。与算法的时间复杂度相同。算法的空间复杂度 S(n)也可表示为：

$$S(n)=O(g(n))$$

表示随着问题规模 n 的增大，算法运行所需存储量的增长率与 g(n)的增长率相同。

1.6 算法的优化

从理论上讲，算法的优化分为全局优化和局部优化两个层次。全局优化也称为结构优化，主要是从基本控制结构优化和算法、数据结构的选择上考虑；局部优化即为代码优化，包括使用尽量小的数据类型、优化表达式、优化赋值语句、优化函数参数、全局变量及宏的使用等内容。

1.6.1 全局优化

1. 优化算法设计

通过前面的讲解我们知道，算法是求解问题的关键。因此，在解决实际问题时，选择一个好的算法至关重要。例如，在排序中用快速排序、合并排序或堆排序代替插入排序或冒泡排序；用较快的二分查找法代替顺序查找法等，都可以大大提高程序的执行效率。

2. 优化数据结构

针对具体问题，通过认真分析，选择一种合适的数据结构很重要。例如，需要使用线性结构，那么是选择线性表，还是栈或队列？是选择顺序存储结构，还是链式存储结构？如果在一堆随机存放的数中使用了大量的插入和删除指令，那使用链表要快得多。数组与指针具有十分密切的关系，一般来说，指针比较灵活简洁，而数组则比较直观，容易理解。对于大部分的编译器，使用指针比使用数组生成的代码更短，执行效率更高。

在许多情况下可以用指针运算代替数组，这样做常常能产生既快又短的代码，并且运行速度更快，占用空间更少。

3. 程序的书写结构

虽然书写格式并不影响生成的代码质量，但是在实际编写程序时还是应该遵循一定的书写规则。一个书写清晰、明了的程序可读性好，有利于以后的维护。在书写程序时，特别是 while、for、do-while、if-else、switch-case 等语句应采用“缩格”的书写形式书写。一个容易被人看得懂的程序同样也容易被编译器读懂。

4. 优化选择结构

（1）嵌套 if 语句的使用。当 if 结构中要判断的并列条件较多时，最好将它们拆分成多个 if 语句结构，然后嵌套在一起，这样可以减少不必要的判断。

（2）嵌套 switch 语句的使用。switch 语句中的 case 很多时，为了减少比较次数，可把大 switch 语句转化为嵌套 switch 语句。把频率较高的 case 标号放在一个 switch 语句中，而发生频率较低的 case 标号则放在另一个 switch 语句中。

（3）给 switch 语句中的 case 排序。switch 通常可以使用跳转表或者比较链转化成多种算法的代码。当 switch 用比较链转化时，编译器会产生 if-else-if 嵌套代码同时按顺序比较，当结果匹配时，就跳到满足条件的语句执行。因此，根据发生的可能性对 case 的值排序，最有可能放在第一位就可以使选择过程更合理，从而提高了效率。

5. 优化循环结构

提高程序效率的核心是对影响代码执行速度的关键程序段进行优化。在任何程序中，最影响代码速度的往往是循环结构，特别是多层嵌套的循环结构。因此，掌握循环优化的各种实用技术是提高程序效率的关键。

常用的循环优化技术如下：

1）降阶策略

通过算法分析我们知道算法的时间复杂度主要是由循环嵌套的层数确定的，所以，算法中如果能够减少循环嵌套的层数，如将双重循环改写成单循环等，则从时间复杂度上可达到降阶的目的。

2）加速原理

加速原理是指将循环体内的选择结构去掉，以提高循环结构的执行效率。

3）代码外提

代码外提是指将循环体中与循环变量无关的运算提出，并将其放到循环外，以避免每次循环过程中的重复操作。

4）变换循环控制条件

当某循环变量在循环体中除自身引用外，已不再控制循环过程时，可以将其从循环中删去。

5）合并循环

把两个或两个以上的循环合并放到一个循环里，这样会加快速度。

使用循环虽然简单，但是使用不当往往可能带来很大的性能影响。原则是将问题充分分解为小的循环，不在循环内做多余的工作（如赋值、常量计算等），避免死循环。还可以考虑将循环改为非循环来提高效率。

1.6.2　局部优化

1. 使用尽量小的数据类型

能够使用字符型（char）定义的变量，就不要使用整型（int）变量来定义；能够使用整型变量定义的变量就不要用长整型（long int），能不使用浮点型（float）变量就不要使用浮点型变量。当然，在定义变量后不要超过变量的作用范围，如果超过变量的范围赋值，C 编译器并不报错，但程序运行结果却错了，而且这样的错误很难被发现。

2. 优化表达式

对于一个表达式中各种运算执行的优先顺序不太明确或容易混淆的地方，应当采用圆括号明确指定它们的优先顺序。一个表达式通常不能写得太复杂，如果表达式太复杂，时间久了以后，自己也不容易看得懂，不利于以后的维护。

3. 使用自增、自减和复合赋值运算符

通常，使用自增、自减运算符和复合赋值表达式（如 a-=1、a+=1 等）都能够生成高质量的程序代码，编译器通常都能够生成 inc 和 dec 之类的指令，而使用 a=a+1 或 a=a–1 之类的指令，有很多 C 编译器都会生成 2～3 字节的指令。

4. 减少运算强度

使用运算量较小（但功能相同）的表达式代替复杂的表达式可以减少运算的强度。例如，平方运算 a=pow(b，2.0)优化为 a=b*b。

对于单片机（有内置硬件乘法器），乘法运算要远远快于平方运算，因为实现浮点数的平方计算必须调用子程序。同时，对于 3 次方，如 a=pow(b，3.0)，将其改为 a=b*b*b，效率的提高会更加显著。

5. 避免浮点运算

C 语言中的浮点型 float 和双精度浮点型 double 运算比短整型、整型、长整型运算要慢得多，因此避免使用浮点运算。

6. 优化赋值语句

在代码中，若一个变量经赋值后在后面语句的执行过程中不再引用，则这一赋值语句就称为无用赋值，可以不用。当赋值语句中出现多个已知量的运算，可以将其合并成一个值，减少程序执行过程中重复计算的工作量。

7. 优化函数参数

C 语言中，调用函数的第一步是传递参数给寄存器或堆栈。当函数的参数很多时，就要调用大量的堆栈空间，开销将会很大。当结构作为函数参数传递的内容时，编译器的第一步操作是把整个结构复制到堆栈，这种情况下堆栈空间的使用率会非常大。此外，如果结构作为函数返回值，调用程序会把堆栈空间保留，把结构地址传递给函数同时调用函数，接着把函数返回。最后，调用程序需要再把堆栈空间清除，并把返回的结构复制到第二个结构中。这样，代码和堆栈的开销就会非常惊人。因此，应禁止传递结构，一般用结构指针作为函数的参数来避免这种开销。

8. 宏的使用

在程序化设计过程中，对于经常使用的一些常数，如果将它直接写到程序中，一旦常数的数值发生变化，就必须逐个找出程序中所有的常数，并逐一进行修改，这样必然会降低程序的可维护性。因此，应采用预处理命令中的宏定义，而且还可以避免输入错误。

宏定义除了一些大家所熟知的好处外，如可以提高程序的清晰性、可读性，便于修改移植等，还有一个很妙的地方：利用宏定义来代替函数可以提高程序设计的效率。

1.6.3 算法优化中的注意事项

算法优化不能仅仅停留在局部、细节上来考虑，而应该将其视为整个软件工程的一个阶段，从整个工程的全局高度来考虑。这个工程除了要求保证效率外，更重要的是保证其安全可靠，可以为以后的工程提供借鉴，即软件的可重用性等方面。这样说似乎是否定了

本书的意义，其实不然。因为优化毕竟是任何软件工程必不可少的一个步骤，我们要说的只是不要把局部的工作过分夸大，从而看不到其他工作的存在。

算法优化中的注意事项：

（1）程序的优化以不破坏程序的可读性、可理解性为原则。

软件技术的发展对软件开发的工程化要求日益提高。以现在的标准来衡量，一个好的程序绝不仅仅是执行效率高的程序，像计算斐波那契数时采用计算的方法来交换两个变量值的方法在 20 世纪 50—60 年代也许称得上是一种好的技巧，但在今天，程序的可读性和可维护性要比这类“雕虫小技”更加重要。

（2）如果将程序的执行效率纳入软件的整个生命周期来考虑，为提高单个程序的效率而花费大量的开发时间往往得不偿失。在下列情况下，程序的优化才有意义。

① 首先保证程序的正确性和健壮性，然后才考虑优化。

② 严重影响效率的程序才值得优化。例如，系统反复调用的核心模块，无关大局的模块没有优化的价值。

第 2 章 求 值 法

2.1 算法设计思想

求值法是一种最简单的问题求解方法，也是一种常用的算法设计方法。它是根据问题中给定的条件，运用基本的顺序、选择和循环控制结构来解决问题。例如，求最大数、求平均分等问题就是求值法的具体应用。

用求值法解决问题，通常可以从如下两个方面进行算法设计。

（1）确定约束条件：即找出问题的约束条件。

（2）选择控制结构：根据实际问题选择合适的控制结构来解决问题。

用求值法解题的一般过程可分为下列 3 步：

（1）输入：根据实际问题输入已知数据。

（2）计算：这是求解问题的关键。在已知和所求值之间找出关系或规律，简单的问题可能给出计算表达式、方程等，而复杂问题可以用数学模型或数据结构等描述。

（3）输出：将计算结果打印出来。

2.2 典 型 例 题

2.2.1 求最大数

（*题目来源*：JLOJ2331）

1. 问题描述

【Description】

由键盘输入任意 3 个整数 x、y、z，求这 3 个数中的最大数并输出。

【Input】

输入 3 个整数。

【Output】

最大数。

【Sample Input】

2 8 –6

【Sample Output】

8

2. 问题分析

已知 3 个数 x、y、z，找它们中的最大数，有很多种办法。最容易想到的方法就是将每两个数做一次比较，找到最大的数就输出。例如，首先 x 与 y 比较，若 $x \geqslant y$，再进行 x 与 z 比较，若 $x \geqslant z$，则 x 为最大数，输出。同样，可以找出 y 和 z 为最大数的情况。

上面算法中可以用嵌套的 if 语句来实现找最大数，其缺点是当嵌套层数较多时，容易出错；另一个缺点是重复同样的输出语句，这里完全可以合并为一条输出语句。当然，需要另设一个变量保存最大数，这样还可以将最大数返回到 main()。

具体做法是：在算法中先定义一个变量 max，把第一个整数 x 的值赋给 max，然后用 max 依次与其他两个整数 y、z 比较，将较大的值赋给 max。最后通过 return 语句返回最大数 max。main()获取输入的 3 个整数 x、y、z，调用算法 maximum()求出最大数，将最大数返回 main()并输出。

3. 参考程序

```
#include "stdio.h"
int maximum(int x,int y,int z)
{
    int max;
    max=x;                              /*把第一个数作为最大值*/
    if(max<y) max=y;                    /*max 与 y 比较，大的值赋予 max*/
    if(max<z) max=z;                    /*max 与 z 比较，大的值赋予 max*/
    return max;                         /*返回最大值*/
}
main()
{
    int x,y,z;
    scanf("%d %d %d",&x,&y,&z);         /*获取用户输入的比较数值 x、y、z*/
    printf("%d\n",maximum(x,y,z));
}
```

2.2.2　中位数和平均数

（**题目来源**：JLOJ2332）

1. 问题描述

【Description】

通常把在 n 个排好序的数中，位于最中间的数叫作“中位数”，这里再规定细一点，如果 n 是奇数，那么最中间的数只有一个，那就是“中位数”，但如果 n 是偶数，那么最中间的数有两个，我们把这两个数的平均数也叫作“中位数”。下面的任务是判断中位数大，还是所有数的平均数大。

【Input】

输入只有一行，若干个整数，前后两个整数之间用空格隔开，输入以 0 结束。每个整数的范围为–1000～1000（含–1000 和 1000），输入的整数个数不超过 2000。

【Output】

输出只有一行，如果中位数比平均数大，那么输出 Yes，否则输出 No。

【Sample Input】

200 100 –100 300 400 –200 0

【Sample Output】

Yes

2. 问题分析

这个题涉及排序、求和运算。需要注意的是，求出来的平均数和“中位数”不一定是整数，需要使用浮点类型。

3. 参考程序

```
#include <stdio.h>
#include <stdlib.h>
int a[2005];
int cmp(const void*x,const void*y)
{
    return *(int*)x-*(int*)y;
}
int main()
{
    int len = 0;
    int sum = 0;
    while (scanf("%d",&a[len])&&a[len])
    {
        sum += a[len];
        len++;
    }
    qsort(a,len,sizeof(int), cmp);
    double middle = (len%2)?a[len/2]:((a[len/2]+a[len/2-1])/2.0);
    double avg = sum*1.0/len;
    printf("%s\n",middle>avg?"Yes":"No");
    return 0;
}
```

2.2.3 判断闰年

（**题目来源**：JLOJ2333）

1. 问题描述

【Description】

给定一个年份，判断这一年是不是闰年。

当满足以下情况之一时，这一年就是闰年：

（1）年份是 4 的倍数，而不是 100 的倍数。

（2）年份是 400 的倍数。

其他的年份都不是闰年。

【Input】

输入一个整数 y(1990≤y≤2050)，表示给定的年份。

【Output】

输出一行，如果给定的年份是闰年，则输出 Yes，否则输出 No。

【Sample Input】

2013

【Sample Output】

No

2. 问题分析

使用 if 选择结构来确定输入的年份 n 是否是闰年。先判断 n 能否被 4 整除，如不能，则 n 必然不是闰年；如果 n 能被 4 整除，并不能马上确定它是闰年，还要看 n 能否被 100 整除，如果不能被 100 整除，则肯定是闰年（如 1996）；如果能被 100 整除，并不能判断 n 是闰年，还要看能否被 400 整除，如果能被 400 整除，则它是闰年；否则 n 不是闰年。

3. 参考程序

```
#include <stdio.h>
int main()
{
   int n;
   scanf("%d", &n);
   if (n % 4 == 0 && n % 100 != 0 || n % 400 == 0)
      printf("Yes");
   else
      printf("No");
   return 0;
}
```

2.2.4 素数

（*题目来源*：JLOJ2334）

1. 问题描述

【Description】

对任意给定的一个正整数，判断其是否为素数，并输出判断结果。

【Input】

输入正整数 n。

【Output】

如果 *n* 是素数，就输出 prime；如果 *n* 不是素数，就输出 not prime。

【Sample Input】

97

【Sample Output】

prime

2. 问题分析

（1）素数是指在一个大于 1 的自然数中，除了 1 和它本身之外，不能被其他自然数整除的数。

（2）自定义函数 isprime(int m)用于判断形式参数 m 是否为素数。其中使用 for 循环语句，用 2～m–1 的每个整数去除 m，若得到的余数均不为 0，则判定 m 为素数。在主函数 main()中输入待判断整数，调用 isprime()进行素数判断，并输出相应判断结果信息。

为提高程序运行的速度，应尽可能减少循环执行的次数。在判断 m 是否为素数时，除数用 2～m/2 的每个整数，这样可以减少一半的循环次数。实际上，还可以进一步优化：除数只需要从 2 到给定整数的平方根即可。例如，设 m=100，则原算法需要循环 98 次（除数从 2 到 99）；优化一，除数从 2 到 50，则需要循环 49 次；优化二，除数从 2 到 10（100 的平方根），则只需要循环 9 次。通过比较，优化是显而易见的。可以用 sqrt()库函数求平方根，该函数定义在头文件 math.h 中。

3. 参考程序

```
#include <stdio.h>
#include <stdlib.h>
#include "math.h"
int isprime(int m)
{
    int i;
    for(i=2;i<=sqrt(m);i++)      /*循环变量 i 取值为 2 到 m 的平方根*/
        if(m%i==0)
            return 0;
    return 1;
}
int main()
{
    int n;
    scanf("%d",&n);
    if(isprime(n)) printf("prime\n");
    else printf("not prime\n");
    return 0;
}
```

2.2.5 判断天数

（题目来源：JLOJ2335）

1. 问题描述

【Description】

输入一个年月日，格式如 2013/5/15，判断这一天是这一年的第几天。

【Input】

输入一个年月日，格式如 2013/5/15。

【Output】

输出一个正整数。

【Sample Input】

2017/1/1

【Sample Output】

1

2. 问题分析

首先判断输入的年份是闰年还是平年，闰年的 2 月是 29 天，平年的 2 月是 28 天。其次将每个月份的天数保存到数组 *a* 中，对输入的月份进行判断，假如输入的是 5 月，则把 1、2、3、4 这 4 个月份的天数加在一起，最后再加上日（几号）的值，则可得到这个日期是该年的第几天。

3. 参考程序

```
#include "math.h"
#include "stdio.h"
int day(int y,int m,int d)
{
    int a[12]= {31,28,31,30,31,30,31,31,30,31,30,31};
    int i,sum=0;
    for(i=0; i<m-1; i++)
        sum=sum+a[i];
    if(m>2)
        if((y%4==0&&y%100!=0)||(y%400==0))
            sum++;
    sum=sum+d;
    return(sum);
}
int main()
{
    int y,m,d;
    scanf("%d/%d/%d",&y,&m,&d);
    printf("%d\n",day(y,m,d));
```

```
    return 0;
}
```

2.2.6 大整数阶乘

（**题目来源**：JLOJ2336）

1. 问题描述

【Description】

对输入的正整数 n，计算出 $n!$ 的准确值。

【Input】

输入一个正整数 n（$0<n<10^5$）。

【Output】

输出 $n!$。

【Sample Input】

9

【Sample Output】

362880

2. 问题分析

我们知道随着 n 的增大，$n!$ 的增长速度非常快，其增长速度高于指数的增长速度，所以这是一个高精度计算问题。

请看两个例子。

9!=362 880

100!　=93　326 215　443 944　152 681　699 263
856 266　700 490　715 968　264 381　621 468　592 963
895 217　599 993　229 915　608 914　463 976　156 578
268 253　679 920　827 223　758 251　185 210　916 864
000 000　000 000　000 000　000

对此，C 语言提供的所有基本数据类型都不能满足存放 $n!$的值，所以我们利用构造数据类型数组来存放，即将计算结果按照由低位到高位依次存储到一个数组中，计算过程用双循环实现，外层循环变量 i 代表要累乘的数据，内层循环变量 j 代表当前累乘结果的数组下标。数据 s 存储计算的中间结果，数据 l 存储进位。

3. 参考程序

```
#include <stdio.h>
int main()
{
    int a[10000],i,j,l=0,s,n;
    scanf("%d",&n);
    a[0]=1;
```

```
    for(i=1;i<=n;i++)
    {
        s=0;
        for(j=0;j<=l;j++)
        {
            s=s+a[j]*i;
            a[j]=s%10;
            s=s/10;
        }
        while(s)
        {
            l++;
            a[l]=s%10;
            s=s/10;
        }
    }
    for(i=l;i>=0;i--)
    {
        printf("%d",a[i]);
    }
    return 0;
}
```

2.3 实 战 训 练

2.3.1 求年长者

（**题目来源**：JLOJ2401）

【Description】

小明知道 N 名老师的年龄，现在小明想知道这 N 名老师中最年长者的年龄，请帮助小明解决他的问题。

【Input】

第一行输入整数 N，代表老师的人数。

第二行输入 N 个老师的年龄($1 \leqslant N \leqslant 100$)。

【Output】

输出年龄最大老师的年龄。

【Sample Input】

3

38 65 45

【Sample Output】

65

2.3.2 一元二次方程求根

（题目来源：JLOJ2402）

【Description】

求 $ax^2+bx+c=0$ 方程的根。a、b、c 由键盘输入，设 $b^2-4ac \geqslant 0$。

【Input】

输入 3 个实数 a、b、c，分别代表二次项的系数、一次项的系数和常数项的系数。

【Output】

在一行输出方程的两个实根，保留小数点后两位有效数字。

【Sample Input】

1 3 2

【Sample Output】

–1.00 –2.00

2.3.3 三角形的面积

（题目来源：JLOJ2403）

【Description】

已知三角形的 3 个边，试求三角形的面积。

【Input】

输入 3 个正实数 a、b、c，代表三角形的 3 个边。注意：需要判断给定的 3 个实数是否可构成三角形。

【Output】

如果给定的 3 个实数构成三角形，则输出面积，否则输出 NO。

【Sample Input】

3.67 5.43 6.21

【Sample Output】

9.903431

2.3.4 最大公约数

（题目来源：JLOJ2404）

【Description】

已知 3 个正整数，计算这 3 个数的最大公约数。

【Input】

输入数据只有一行，包括 3 个不大于 1000 的正整数。

【Output】

输出数据也只有一行，给出这 3 个数的最大公约数。

【Sample Input】

3 6 12

【Sample Output】

3

2.3.5 求整数的位数

（题目来源：JLOJ2405）

【Description】

给定一个正整数，求该数的位数并输出每位的数值。

【Input】

输入一个正整数 n ($1 \leqslant n \leqslant 100000$)。

【Output】

输出该数的位数和每位的数值。

【Sample Input】

321

【Sample Output】

3

1　2　3

2.3.6 孪生素数

（题目来源：JLOJ2406）

【Description】

两个数之差为 2 的素数，称为孪生素数。试编写程序，打印出给定整数 m 和给定整数 n 之间的所有孪生素数。

【Input】

输入两个整数，分别代表 m 和 n($1<m<n<2000$)。

【Output】

打印出符合条件的孪生素数，每行一对孪生素数。

【Sample Input】

3　19

【Sample Output】

3　5

5　7

11　13

17　19

2.3.7 求圆的周长

（题目来源：JLOJ2407）

【Description】

已知圆的半径，求圆的周长。

【Input】

输入圆的半径 r（正的实数）。

【Output】

输出圆的周长，保留小数点后两位有效数字。

【Sample Input】

1.5

【Sample Output】

9.42

2.3.8 阶乘求和

（题目来源：JLOJ2408）

【Description】

求 $1!+2!+3!+\cdots+n!$的值。

【Input】

输入一个整数 $n(1\leqslant n\leqslant 20)$。

【Output】

输出其阶乘之和。

【Sample Input】

3

【Sample Output】

9

2.3.9 计算圆周率

（题目来源：JLOJ2409）

【Description】

计算 π 的近似值，利用公式：

$$\pi/2=[(2\times 2/(1\times 3))\times[(4\times 4)/(3\times 5)]\times\cdots\times[(n+1)\times(n+1)/(n\times(n+2))]$$

求圆周率的值，要求近似值截取到公式中的通项 n，n 的值从键盘输入。

【Input】

输入正整数（奇数）n（n<1000）。

【Output】

输出 π 的近似值，结果保留 6 位小数。

【Sample Input】

151

【Sample Output】

3.131207

2.3.10 求闰年

（题目来源：JLOJ2410）

【Description】

小雨出生在一个闰年，她想知道出生后的第 N 个闰年是哪一年？

【Input】

测试用例包含两个正整数 Y 和 $N(1 \leq N \leq 10000)$。Y 代表小雨出生的闰年。

【Output】

输出 Y 之后的第 N 个闰年的年份。

【Sample Input】

2014 2

【Sample Output】

2022

2.3.11 连续自然数的平方和

（题目来源：JLOJ2411）

【Description】

我们大家都知道勾股定理：$3^2+4^2=5^2$，其中 3，4，5 是连续的自然数；同时，连续自然数 10，11，12，13，14 之间也有关系式：$10^2+11^2+12^2=13^2+14^2$，你从中得到了什么启发？

问题：给定自然数 n（$1 \leq n \leq 1000$），请判断是否存在 $2*n+1$ 个连续的自然数，满足左边 $n+1$ 个数的平方和等于右边 n 个数的平方和？若存在，则输出这 $2*n+1$ 个数；否则输出 NO。

【Input】

输入自然数 n（$1 \leq n \leq 1000$）。

【Output】

若存在，则输出这 $2*n+1$ 个数，每两个数之间一个空格；否则输出 NO。

【Sample Input】

2

【Sample Output】

10 11 12 13 14

2.3.12 大整数求和问题

（题目来源：JLOJ2412）

【Description】

计算两个大整数的和。

【Input】

输入有若干行，每行上有两个整数 a 和 $b(0 \leq a, b \leq 10^{20})$，以 0 0 结束。

【Output】

对于输入中的每行的两个整数 a，b，输出 $a+b$ 的值。

【Sample Input】

1 2
87654321 12345678912345678
0 0

【Sample Output】

3
12345678999999999

2.3.13 公牛和母牛

（题目来源：JLOJ2413）

【Description】

公牛们数学方面比母牛们好得多，它们能一起做超长整数的乘法，并得到完全正确的结果，农夫明明想知道它们的结果是否正确，请你帮忙检查公牛们的结果，读入两个正整数（每个数不超过 250 位），计算这两个数的积，以规范整数的形式（无多余的前导数字零）输出该数。农夫明明请你做这个验证。不允许用关于乘法的特殊库函数。

【Input】

输入两个正整数，占两行。

【Output】

输出这两个整数的积。

【Sample Input】

11111111111111
1111111111

【Sample Output】

12345678901110987654321

2.3.14 十六进制的运算

（题目来源：JLOJ2414）

【Description】

现在给你一个十六进制的加减法的表达式，要求用八进制输出表达式的结果。

【Input】

第一行输入一个正整数 T（$0<T<1000$）。

接下来有 T 行，每行输入一个字符串 s（长度小于 12），字符串中有两个数和一个加号或者一个减号，且表达式合法并且所有运算的数都小于 10 位。

【Output】

每个表达式输出占一行，输出表达式八进制的结果。

【Sample Input】

3

29+4823

18be+6784

4ae1-3d6c

【Sample Output】

44114

100102

6565

2.3.15　亲和数

（*题目来源*：JLOJ2415）

【Description】

古希腊数学家毕达哥拉斯在自然数研究中发现，220 的所有真约数（即不是自身的约数）之和为：1+2+4+5+10+11+20+22+44+55+110＝284。而 284 的所有真约数为 1、2、4、71、142，加起来恰好为 220。人们对这样的数感到很惊奇，并称之为亲和数。一般地，如果两个数中的任何一个数都是另一个数的真约数之和，则这两个数就是亲和数。

编写一个程序，判断给定的两个数是否为亲和数。

【Input】

输入数据第一行包含一个数 M，接下有 M 行，每行一个实例，包含两个整数 A 和 B；其中 $0 \leqslant A, B \leqslant 600000$。

【Output】

对于每个测试实例，如果 A 和 B 是亲和数，则输出 Yes，否则输出 No。

【Sample Input】

2

220　284

100　200

【Sample Output】

Yes

No

2.4　小　　结

本章我们学习了利用求值法来解决实际问题，并且列出了一些经典的问题来分析和设计算法。读者应理解求值法的设计思想，并能够运用它去解决具体问题。

求值法是一种最简单的问题求解方法，也是一种常用的算法设计方法。在求值法的算法设计中，主要运用 3 种基本控制结构（顺序、选择和循环）来实现，同时利用好问题的约束条件，并充分使用数组、表达式和标志变量等来解决问题。

第3章 递 推 法

3.1 算法设计思想

递推法是利用求解问题本身具有的性质（递推关系）来求得问题解决的有效方法。

具体做法是：对于一个问题，可以根据 $N=n$ 之前的一步$(n-1)$或多步$(n-1, n-2, n-3, \cdots)$的结果推导出 n 时的解：$f(n)=F(f(n-1), f(n-2), \cdots)$，这称为递推关系式；而 $N=0, 1, \cdots$ 的初值 $f(0)$，$f(1)$，…往往是直接给出的或直观得出的。

递推算法的关键问题是得到相邻的数据项之间的关系，即递推关系。递推关系是一种高效的数学模型，是递推应用的核心。递推关系不仅在各数学分支中发挥着重要的作用，由它体现出来的递推思想在各学科领域中更是显示出其独特的魅力。

在求解具体问题时，必须明确 N=n 的解与其前面的几步结果相关。若问题与前两步有关，则在计算的过程中只需记住这前两步的结果 $R1$、$R2$，下一步的结果 R 可以由这前两步的结果推导得到：$R=F(R1,R2)$，接下来进行递推：$R1=R2$，$R2=R$，向前传递，为求下一步的结果做好准备。这也正是递推法名字的由来。若问题与前三步相关，则在计算的过程中需要记住前三步的结果 $R1$、$R2$、$R3$，下一步的结果 R 可由这前三步的结果推导得到：$R=F(R1,R2,R3)$，接下来进行递推：$R1=R2$，$R2=R3$，$R3=R$，向前传递。

递推法的一般步骤：

（1）确定递推变量。

递推变量可以是简单变量，也可以是一维或多维数组。

（2）建立递推关系。

递推关系是递推的依据，是解决递推问题的关键。

（3）确定初始（边界）条件。

根据问题最简单情形的数据确定递推变量的初始（边界）值，这是递推的基础。

（4）控制递推过程。

递推过程控制通常由循环结构实现，即递推在什么时候进行，在满足什么条件时结束。

递推法可分为正推法和倒推法两种。

一般来讲，正推法是一种简单的递推方式，是从小规模的问题推解出大规模问题的一种方法，也称为“正推”。

倒推法是对某些特殊问题采用的不同于通常习惯的一种方法，即从后向前推导，实现求解问题的方法。

3.2 典型例题

3.2.1 兔子繁殖问题

（题目来源：JLOJ2337）

1. 问题描述

【Description】

这是一个有趣的古典数学问题，著名意大利数学家 Fibonacci 曾提出一个问题：有一对小兔子，从出生后第 3 个月起每个月都生一对兔子。小兔子长到第 3 个月后每个月又生一对兔子。按此规律，假设兔子没有死亡，第一个月有一对刚出生的小兔子，问第 n 个月有多少对兔子？

【Input】

输入月数 n（$1 \leqslant n \leqslant 45$）。

【Output】

输出第 n 个月有多少对兔子。

【Sample Input】

6

【Sample Output】

8

2. 问题分析

寻找问题的规律性，需要通过对现实问题的具体事例进行分析，从而抽象出其中的规律。

一对兔子从出生后第 3 个月开始每月生一对小兔子，第 3 个月以后每月除上个月的兔子外，还有新生的小兔子，在下面用加号后面的数字表示。则第 3 个月以后兔子的对数就是前两个月兔子对数的和。过程如下：

1月	2月	3月	4月	5月	6月	…
1	1	1+1=2	2+1=3	3+2=5	5+3=8	…

3. 参考程序

```
#include<stdio.h>
int main()
{
    int i,n,preNum = 1,curNum = 1,temp;
    scanf("%d",&n);
    for(i = 3; i <= n; i++)
    {
        temp = curNum;                 /* 暂存 curNum */
        curNum = curNum + preNum;      /* 计算新的一月的兔子数量*/
```

```
        preNum = temp;                    /* 更新上一个月的兔子数量 */
    }
    printf("%d\n", curNum);
    return 0;
}
```

3.2.2 最大公约数问题

（**题目来源**：JLOJ2338）

1. 问题描述

【Description】

任意给两个正整数 m 和 n，求它们的最大公约数。

【Input】

输入两个正整数 m 和 n。

【Output】

输出 m 和 n 的最大公约数。

【Sample Input】

12 18

【Sample Output】

6

2. 问题分析

应用递推法求解最大公约数问题。

在数学中，求最大公约数有一个很有名的方法叫辗转相除法。辗转相除法体现了递推法的基本思想。

设 m, n 为两个正整数，且 n 不为零，辗转相除法的过程是：

（1）将问题转化为数学公式：r=m%n，r 为 m 除以 n 的余数。

（2）若 r=0，则 n 为所求的最大公约数，输出 n。

（3）若 r! =0，则令 m=n，n=r，继续递推，再重复前面的（1）、（2）步骤。

其中，第（3）步为递推部分。

3. 参考程序

```
#include<stdio.h>
int gcd(int a,int b)
{
    while(b>0)
    {
        int temp=a%b;
        a=b;
        b=temp;
    }
```

```
    return a;
}
int main()
{
    int m,n;
    scanf("%d%d", &m,&n);
    printf("%d\n", gcd(m,n));
    return 0;
}
```

3.2.3　猴子吃桃问题

（**题目来源**：JLOJ2339）

1. 问题描述

【Description】

一只小猴子摘了若干个桃子，每天吃现有桃子的一半多一个，到第 n 天时只剩一个桃子，求小猴子最初摘了多少个桃子？

【Input】

输入数据有多组，每组占一行，包含一个正整数 n（$1<n<30$），表示只剩下一个桃子的时候是在第 n 天发生的。以 0 结束。

【Output】

对于每组输入数据，输出第一天开始吃的时候桃子的总数，每个测试实例占一行。

【Sample Input】

2

4

0

【Sample Output】

4

22

2. 问题分析

这道题可以用倒推法解决。由于猴子每天吃的桃子数依赖于前一天的桃子数，所以用一个递推变量代替桃子数就可以了。设 a 为递推变量，代表今天剩下的桃子数，那么就可以推导出昨天剩下的桃子数：$a=(a+1)*2$，这就是本题的递推关系式，找到这个关系式，问题就基本解决了。

3. 参考程序

```
#include<stdio.h>
int main()
{
```

```
    int i,n;
    while(scanf("%d",&n)!=EOF)
    {
        int sum=1;
        for(i=2; i<=n; i++)
            sum=(sum+1)*2;
        printf("%d\n",sum);
    }
    return 0;
}
```

3.2.4 杨辉三角问题

（题目来源：JLOJ2340）

1. 问题描述

【Description】

杨辉三角又称 Pascal 三角形，它的第 $i+1$ 行是$(a+b)^i$的展开式的系数。它的一个重要性质是：三角形中的每个数字等于它两肩上的数字相加。

下面给出了杨辉三角的前 4 行：

```
      1
     1 1
    1 2 1
   1 3 3 1
```

给定 n，输出它的前 n 行。

【Input】

输入一个正整数 n（$1 \leqslant n \leqslant 34$）。

【Output】

输出杨辉三角的前 n 行。每行从这一行的第一个数开始依次输出，中间使用一个空格分隔。请不要在前面输出多余的空格。

【Sample Input】

4

【Sample Output】

```
1
1 1
1 2 1
1 3 3 1
```

2. 问题分析

由上面的杨辉三角输出可以看出，中间的数据等于其上一行左上、右上的数据和，第 i 层有 i 列，需要求解 i 个数据。可以用二维数组 array[][]存储杨辉三角。

为了便于表示，可以将杨辉三角变一下形状，即从第一列开始放置，则可得到一个下三角矩阵，而且很有规律：第一列都为 1，主对角线都为 1，从第三行起，中间（除第一个和对角线之外）位置元素等于其上一行对应位置元素及其前一个元素之和，这就是从当前行推导到下一行的递推关系式，由此便可求出杨辉三角的任一行。

3. 参考程序

```
#include <stdio.h>
int main()
{
    int i, j, n, a[35][35];
    scanf("%d", &n);
    for (i = 0; i < n; i++)
    {
        a[i][0] = 1;
        a[i][i] = 1;
        for (j = 1; j < i; j++)
            a[i][j] = a[i-1][j-1] + a[i-1][j];
    }
    for (i = 0; i < n; i++)
    {
        for (j = 0; j <= i; j++)
            printf("%d ", a[i][j]);
        printf("\n");
    }
    return 0;
}
```

3.2.5　穿越沙漠问题

（**题目来源**：JLOJ2341）

1. 问题描述

【Description】

一辆吉普车来到 $x$km 宽的沙漠边沿 A 点，吉普车的耗油率为 1L/km，总装油量为 500L。通常，吉普车必须用自身油箱中的油在沙漠中设置若干个临时储油点，才能穿越沙漠。假设在沙漠边沿 A 点有充足的汽油可供使用，那么吉普车从 A 点穿过这片沙漠到达终点 B，至少要耗多少升油。请编写一个程序，计算最少的耗油量（精确到小数点后 2 位）。

（1）假设吉普车在沙漠中行进时不发生故障。

（2）吉普车在沙漠边沿 A 点到终点 B 的直线距离为 x km（即沙漠宽度）。

【Input】

输入一个正整数 x，表示从 A 点到 B 点的距离（$0 \leqslant x \leqslant 3000$）。

【Output】

输出一个数，表示最少的耗油量。

【Sample Input】

500

【Sample Output】

500.00

2. 问题分析

储油点地址的确定比较复杂，从出发点考虑问题，很难确保按要求以最少的耗油量穿越沙漠，即很难保证到达终点时，沙漠中的各临时油库和车的储油量都恰好为 0。从终点开始向前倒着推解储油点的位置和储油量就比较容易了。

从终点向起点应用逆推法的过程如下：

（1）因为吉普车的耗油率为 1L/km，并且吉普车的总装油量为 500L，所以第一段长度应为 500km，并且该加油点的储油量为 500L。

（2）第二段中为了储备油，吉普车的行程必须要往返。为保证高效率，需要做到三点：一是要往返奇数次；二是每次吉普车要满载；三是该加油点要储备下一加油点的储油量和建立下一个加油站的耗油量。因此，第二段的最佳方案是走 3 个单程，其中第一个往返的耗油量为装载量的 2/3，则储油量为装载量的 1/3；而一个单程耗油量为装载量的 1/3，则储油量为装载量的 2/3。结论是：第二个加油点储油量为 1000L，此段长度为 500/3km。以此类推以下各段，直到总距离达到 1000km 为止。

3. 参考程序

```
#include <stdio.h>
int main()
{
    int x,k=1;                  //k 表示储油点从后向前的序号
    double oil,dis=500;         //dis 表示到终点 B 的距离
    scanf("%d",&x);
    if(x<=500)
    oil=x;
    else
    {
     do
     {
        ++k;
        dis+=500.0/(2*k-1);
        oil=500*k;
     }
     while(dis<x);
      oil=500*k+(x-dis)*(2*k-1);/* (2*k-1)表示每段路上的平均耗油量。500*k 表
示每段路上都消耗 500L 油，每次向终点行进时吉普车是满载的 */
    }
```

```
    printf("%.2f\n",oil);
    return 0;
}
```

3.2.6 方格涂色问题

（题目来源：JLOJ2342）

1. 问题描述

【Description】

有排成一行的 n 个方格，用红（Red）、粉（Pink）、绿（Green）三色涂每个格子，每格涂一色，要求任何相邻的方格不能同色，且首尾两格也不同色，求所有满足要求的涂法。

【Input】

输入数据包含多个测试实例,每个测试实例占一行,由一个整数 N 组成（$0<n\leqslant 50$）。

【Output】

对于每个测试实例，请输出全部的满足要求的涂法，每个实例的输出占一行。

【Sample Input】

1

2

【Sample Output】

3

6

2. 问题分析

该问题适合用递推法求解。令 $f(n) = 1，2,\cdots，n-2，n-1，n$，前 $n-2$ 个已涂好后，涂第 $n-1$ 个有两种情况：

（1）$n-1$ 的色与 $n-2$ 和 1 的色都不相同，那么 n 就是剩下的那个色，没有选择。也就是 $f(n-1)$。

（2）$n-1$ 的色与 $n-2$ 的色不相同，但与 1 的色一样，那么 n 的色就有 2 个色选择，也就是 $f(n-2)*2$。

综上可得：$f(n) = f(n-1) + 2*f(n-2)$。

3. 参考程序

```
#include <stdio.h>
#include <stdlib.h>
int main()
{
    int n,i;
    long long a[51];
    a[1]=3;
    a[2]=6;
    a[3]=6;
```

```
    for(i=4;i<51;i++)
        a[i]=2*a[i-2]+a[i-1];
    while(scanf("%d",&n)!=EOF)
        printf("%lld\n",a[n]);
    return 0;
}
```

3.3 实战训练

3.3.1 求年龄

（题目来源：JLOJ2416）

【Description】

有 n 个人围坐在一起，当问第 n 个人的年龄时，他说比第 n–1 个人大 2 岁。问第 n–1 个人的年龄时，他说比第 n–2 个人大 2 岁。问第 n–2 个人时，他又说比第 n–3 个人大 2 岁……最后问到第一个人时，他说是 10 岁。请问第 n 个人的年龄？

【Input】

输入一个正整数 n（n<40）。

【Output】

输出第 n 个人的年龄。

【Sample Input】

5

【Sample Output】

18

3.3.2 斐波那契数列求和

（题目来源：JLOJ2417）

【Description】

求斐波那契数列的前 n 项之和。

【Input】

输入一个正整数 n（0<n<100）。

【Output】

输出前 n 项的和。

【Sample Input】

5

【Sample Output】

12

3.3.3 绝不后退

（题目来源：JLOJ2418）

【Description】

从原点出发，一步只能向右走、向上走或向左走，每步都只能走一个单位长度。恰好走 N 步且不经过已走的点共有多少种走法？

【Input】

每行一个整数 N，代表步数，$0<N<20$。

【Output】

输出共有多少种走法。

【Sample Input】

3

【Sample Output】

10

3.3.4 取数

（题目来源：JLOJ2419）

【Description】

自然数从 1 到 N 按照顺序排成一排，可以从中取走任意数，但是相邻的两个数不可以同时被取走。一共有多少种取法？

【Input】

输入一个正整数 N（$N<20$）。

【Output】

输出取数的取法总数。

【Sample Input】

15

【Sample Output】

1596

3.3.5 王小二的刀

（题目来源：JLOJ2420）

【Description】

王小二自夸刀工不错，有人放一张大的煎饼在砧板上，问他："饼不许离开砧板，切 n（$1\leqslant n\leqslant 100$）刀最多能分成多少块？"

【Input】

输入正整数 n（$1\leqslant n\leqslant 100$），$n$ 代表切煎饼的刀数。

【Output】

输出 n 刀切的块数。

【Sample Input】

5

【Sample Output】

16

3.3.6 蜜蜂回家

（**题目来源**：JLOJ2421）

【Description】

有一只经过训练的蜜蜂只能爬向右侧相邻的蜂房，不能反向爬行。请编程计算蜜蜂从蜂房 a 爬到蜂房 b 的可能路线数。

蜂房的结构如图 3-1 所示。

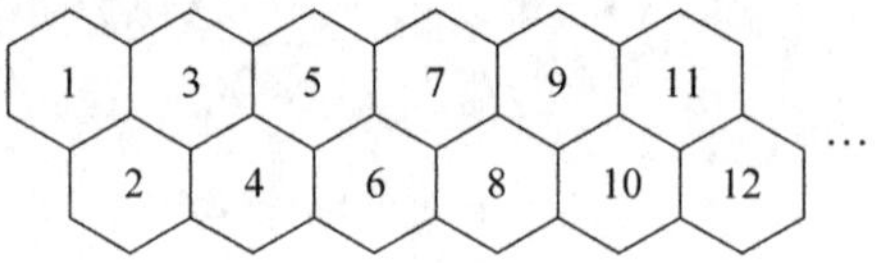

图 3-1 蜂房的结构

【Input】

输入 N 次测试的 N 以及 N 组测试的 a 与 b 的值（$1<a<b<50$）。

【Output】

输出 N 次测试，从蜂房 a 爬到蜂房 b 的可能路线数。

【Sample Input】

4

5 6

8 46

3 9

4 15

【Sample Output】

1

63245986

13

144

3.3.7 富二代的生活费

（**题目来源**：JLOJ2422）

【Description】

一个富翁给他儿子的四年大学生活存了一笔钱，儿子每月只能取 M 元钱作为下个月的生活费，采用的是整存零取的方式。已知年利率为 1.71%，请问富翁一次性要存入多少钱？

【Input】

输入整数 M（$1000 \leqslant M \leqslant 3000$）代表每月的生活费。

【Output】

富翁一次性要存入的钱数（保留小数点后两位）。

【Sample Input】

3000

【Sample Output】

3445908.28

3.3.8 平面分割问题

（题目来源：JLOJ2423）

【Description】

平面分割问题：设有 n 条封闭曲线画在平面上，而任何两条封闭曲线恰好相交于两点，且任何 3 条封闭曲线不相交于同一点，请问这些封闭曲线把平面分割成多少个区域？

【Input】

输入正整数 n，代表封闭曲线的条数。

【Output】

输出封闭曲线把平面分割成的区域个数。

【Sample Input】

6

【Sample Output】

32

3.3.9 特殊性质的数

（题目来源：JLOJ2424）

【Description】

要求找出具有下列性质数的个数（包含输入的自然数 n）。

先输入一个自然数 n（$n \leqslant 1000$），然后对此自然数按照如下方法进行处理：

（1）不进行任何处理。

（2）在它的左边加上一个自然数,但该自然数不能超过原数的一半。

（3）加上数后,继续按此规则进行处理,直到不能再加自然数为止。

要求：用递推法求出具有该性质数的个数。

【Input】

输入一个自然数 n（$n \leqslant 1000$）。

【Output】

输出具有该性质数的个数。

【Sample Input】

6

【Sample Output】

6

3.3.10 求天数

（题目来源：JLOJ2425）

【Description】

8600 的手机每天消费 1 元，每消费 k 元就可以获赠 1 元，一开始 8600 有 M 元，问最多可以用多少天？

【Input】

输入包括多个测试实例。每个测试实例包括 2 个整数 M、k（$2 \leqslant k \leqslant M \leqslant 1000$）。$M = 0$，$k = 0$ 代表输入结束。

【Output】

每个测试实例输出一个整数，表示 M 元可以用的天数。

【Sample Input】

2 2

4 3

0 0

【Sample Output】

3

5

3.3.11 上楼梯

（题目来源：JLOJ2426）

【Description】

楼梯有 N 级台阶，上楼时可以一步上一级台阶，也可以一步上两级台阶。编一程序，计算共有多少种不同的走法。

【Input】

输入一个正整数 N（$1 \leqslant N \leqslant 15$）。

【Output】

输出一个自然数，表示不同走法的总数。

【Sample Input】

9

【Sample Output】

55

3.3.12 开奖

（题目来源：JLOJ2427）

【Description】

为了活跃气氛，组织者举行了一个别开生面、奖品丰厚的抽奖活动，这个活动的具体要求是：首先，所有参加晚会的人员都将一张写有自己名字的字条放入抽奖箱中；然后，待所有字条加入完毕，每人从箱中取出一个字条；最后，如果取得的字条上写的是自己的名字，那么“恭喜你，中奖了！”不过，正如所有试图设计的喜剧往往以悲剧结尾，这次抽奖活动最后竟然没有一个人中奖！

现在问题来了，你能计算一下发生这种情况的概率吗？

【Input】

第一行为测试数据行数 N（N 为正整数，且 $N \leqslant 20$），以下每行为测试的人数。

【Output】

输出概率的数值（保留小数点后两位）。

【Sample Input】

3

15

2

9

【Sample Output】

1.51%

50.00%

36.79%

3.3.13 月之数

（*题目来源*：JLOJ2428）

【Description】

如果一个正整数表示成二进制，它的位数为 n（不包含前导 0），则称它为一个 n 位二进制数。所有的 n 位二进制数中，1 的总个数被称为 n 对应的月之数。求 n 对应的月之数。

【Input】

输入正整数 n（$1 \leqslant n \leqslant 20$）。

【Output】

输出 n 对应的月之数。

【Sample Input】

3

【Sample Output】

8

3.3.14 洗牌

（*题目来源*：JLOJ2429）

【Description】

有 $2N$ 张牌，编号为 1，2，3,…，n，n+1，…，2n。这也是最初的牌的顺序。通过一次洗牌可以把牌的序列变为 n+1，1，n+2，2，n+3，3，n+4，4，…，2n，n。那么可以

证明，对于任意自然数 N，都可以在经过 M 次洗牌后再次回到初始的顺序。编写程序对于小于 100000 的自然数 N，求出 M 的值。

【Input】

输入自然数 N（N<100000）。

【Output】

输出洗牌次数 M。

【Sample Input】

54

【Sample Output】

36

3.3.15 飞跃悬崖

（题目来源：JLOJ2430）

【Description】

蝙蝠来到一处悬崖面前，悬崖中间飞着很多红、黄、蓝 3 种颜色的珠子，假设我们把悬崖看成一条长度为 n 的线段，线段上的每一单位长度空间都可能飞过红、黄、蓝 3 种珠子，如果在连续 3 段单位空间碰到的珠子颜色都不一样，蝙蝠就会坠落。请问：蝙蝠安然抵达彼岸的方法有多少种？

【Input】

输入正整数 n（n≤50）。

【Output】

输出一个自然数，表示方法数。

【Sample Input】

12

【Sample Output】

58803

3.4 小　　结

递推法的基本思想是把一个复杂的、庞大的计算过程转化为简单过程的多次重复，该算法充分利用了计算机的运算速度快和不知疲倦的特点，从头开始一步步地推出结果。它是数值计算中的一个重要算法。

计算方法和应用数学中有不少算法属于递推算法。递推就是在一个循环体内随着循环控制变量的变化，逐一通过前面的 k 个已知或者已经算出的值计算当前待算值的过程。

递推法求解问题的基本方法：首先，确认能否容易地得到简单情况的解；然后，假设规模为 N–1 的情况已经得到解决；最后，重点分析当规模扩大到 N 时，如何枚举出所有的情况，并且要确保对于每种情况，都能用前面已经得到的结果解决。

第4章 递 归 法

4.1 算法设计思想

递归就是一个过程或函数在其定义中直接或间接调用自身的一种方法。递归法是一种用来描述问题和解决问题的基本方法。它通常把一个大型复杂的问题层层转化为一个与原问题相似的规模较小的问题来求解，递归策略只需少量的程序就可描述出需要多次重复计算的解题过程，大大减少了程序的代码量。递归的能力在于用有限的语句来定义对象的无限集合。一般来说，递归需要有边界条件、递归前进段和递归返回段。当边界条件不满足时，递归前进；当边界条件满足时，递归返回。

递归法的思路:第一步，将规模较大的原问题分解为一个或多个规模更小，但具有类似于原问题特性的子问题，即较大的问题递归地用较小的子问题来描述，解原问题的方法同样可用来解这些子问题。第二步，确定一个或多个无须分解、可直接求解的最小子问题（称为递归的终止条件）。

递归的两个基本要素是：

（1）递归关系式（递归体），确定递归的方式，即原问题是如何分解为子问题的。

（2）递归出口，确定递归到何时终止，即递归的终止（结束、边界）条件。

4.2 典 型 例 题

4.2.1 母牛繁殖问题

（*题目来源*：JLOJ2343）

1. 问题描述

【Description】

有一头母牛，它每年年初生一头小母牛。每头小母牛从第 4 个年头开始，每年年初也生一头小母牛。求：到第 n 年的时候，共有多少头母牛？（这里不计死亡）

【Input】

输入一个整数 n（$1\leqslant n\leqslant 50$）。

【Output】

输出第 n 年时母牛的数量。

【Sample Input】

3

【Sample Output】

3

2. 问题分析

依题意可得到这样一个数列：1，2，3，4，6，9，13，19，28，…，该数列类似于Fibonacci 数列。根据问题的描述，可以定义母牛的头数为 f，构造一个数列递推式：

$$
\begin{cases}
f(1)=1 \\
f(2)=2 \\
f(3)=3 \\
\cdots \\
f(n)=f(n-1)+f(n-3) & （当 n>3 时）
\end{cases}
$$

该问题的递归终止条件是：当 $n<4$ 时，$f(n)=n$。

也可以不通过定义变量来保存结果，而是直接通过函数返回值来实现。这种方法减少了变量的使用，从而减少了程序变量占用的内存空间。同时，递归终止条件也可改为 $n\leqslant 4$。

3. 参考程序

```
#include <stdio.h>
int cow(int n)
{
    if(n<=4)
        return n;
    else
        return cow(n-1)+cow(n-3);
}
int main()
{
    int n;
    scanf("%d",&n);
    printf("%d\n",cow(n));
    return 0;
}
```

4.2.2 输出各位数字

（题目来源：JLOJ2344）

1. 问题描述

【Description】

任给一个十进制正整数，请从高位到低位逐位输出各位数字。

【Input】

输入一个正整数 n（$0<n<2^{30}$）。

【Output】

从高位到低位逐位输出各位数字，每个数字后面有一个空格。

【Sample Input】

12345

【Sample Output】

1 2 3 4 5

2. 问题分析

本题要求从高位到低位输出十进制正整数的各位数字，但对于输入的数字，我们并不知道有多少位，因此采用从低位到高位逐步求每一位数字并存储，然后采取从高位到低位输出即可。

求解本题时，可以设置数组 $a[]$，用于存储正整数的各位数字，然后利用循环逐位去求每一位，而后再输出。

可以不通过定义数组来保存结果，而是通过递归表达式在返回时直接输出结果。减少数组的使用，减小程序占用的内存空间，从而加快程序的运行效率。

3. 参考程序

```
#include <stdio.h>
void digit(int n)
{
    if(n<10)
        printf("%d ",n);
    else
    {
        digit(n/10);
        printf("%d ",n%10);
    }
}
void main()
{
    int n;
    scanf("%d",&n);
    digit(n);
    printf("\n");
}
```

4.2.3　最大值问题

（题目来源：JLOJ2345）

1. 问题描述

【Description】

给定一组数据，求其中的最大值。

【Input】

输入的第一行为一个整数 n，表示有 n 个数据（$0<n<100$），接下来的一行包含 n 个数据。

【Output】

输出最大的数据值，保留小数点后两位。

【Sample Input】

5

2.12　3.15　5.55　6.12　4.254

【Sample Output】

6.12

2. 问题分析

将给定的数据存储到数组 a[]中，不妨假设有 n 个数据。

下面用递归法实现求 $a[0]\sim a[n-1]$的最大值。这里对数据个数 n 进行递归，当 $n=1$，只有一个数时，这个数就是最大值，即 $a[0]$；当 $n>1$ 时，若能求得其前 $n-1$ 个数据的最大值，再与第 n 个数进行比较，便能求出 n 个数的最大值，问题的关键是如何求得其前 $n-1$ 个数据的最大值，其求法与 n 个数时是相同的，并且问题规模降低了，这不正是递归吗？

该最大值问题可以不用递归法解决，通过选择排序法中的一趟比较就能求得，而且简单、高效。

首先默认第一个数是最大值，将其保存到 max 中，然后从第二个数开始逐一与 max 比较，若有比 max 大的数，则将该数存入 max 中。最后，max 中存储的数即为所求的最大值。

3. 参考程序

```
#include <stdio.h>
double maximum(double a[],int n)
{
    int i;
    double max;
    if (n==1)
        return a[0];
    max=maximum (a, n-1);
       if (max < a[n-1])
           max=a[n-1];
       return max;
}
void main()
{
    int i,n;
    double a[100],max;
    scanf("%d",&n);
    for(i=0;i<n;i++)
```

```
        scanf("%lf",&a[i]);
    printf("%.2lf\n",maximum(a,n));
}
```

4.2.4　计算 x 的 n 次幂

（**题目来源**：JLOJ2346）

1. 问题描述

【Description】

输入两个整数 x 和 n，计算 x 的 n 次幂。由于计算结果比较大，结果对 10000007 取模。

【Input】

输入两个整数 x 和 n（$0<x<2^{31}$，$0<n<2^{31}$）。

【Output】

输出 x 的 n 次幂对 10000007 取模。

【Sample Input】

2　3

【Sample Output】

8

2. 问题分析

根据上述题意，问题的递归很明显。这里对指数 n 进行递归，当 n=0 时，$x^0=1$；当 n=1 时，$x^1=x$；……当 $n\geqslant 2$ 时，$x^n=x*x^{n-1}$；即为递归关系式。递归结束条件是 n=0。

因为 $x^n=x^{n/2}*x^{n/2}$，所以在递归算法中可将 pow(x, n)=x*pow(x, n–1)转变为 pow(x, n)=pow(x, n/2)*pow(x, n/2)。在 C 语言中，当被除数和除数都是整数时，结果为整除，故当 n 为奇数时，pow(x, n)=x*pow(x, n/2)*pow(x, n/2)。

3. 参考程序

```
#include <stdio.h>
#define MOD 10000007
long long power(int x, int n)
{
    long long ans;
    if(n==0) ans=1;
    else
    {
        ans=power(x, n/2);
        ans=ans*ans%MOD;
        if(n%2==1) ans=ans*x%MOD;
    }
    return ans%MOD;
```

```
}
void main()
{
    int x,n;
    scanf("%d%d",&x,&n);
    printf("%lld\n",power(x,n));
}
```

4.2.5 数组逆置

（题目来源：JLOJ2347）

1. 问题描述

【Description】

设计算法，将一个数组中的数据逆置。

【Input】

输入的第一行为一个整数 n，表示有 n 个数据（$0<n<100$），接下来一行包含 n 个整数。

【Output】

将逆置的数组数据输出，每个数据后面有一个空格。

【Sample Input】

3

1 2 3

【Sample Output】

3 2 1

2. 问题分析

先考虑用递归法解决本问题。将给定的数据存储到数组 a[]中，不妨假设有 n 个数据。用递归法实现将 $a[0]$～$a[n–1]$逆置，实际上就是首尾互换，即将 $a[0]$与 $a[n–1]$进行互换，接下来就要考虑 $a[1]$～$a[n–2]$的逆置，这与原问题具有相同的特性，可以递归。那么，递归的结束条件是什么呢？当然是对换到中间位置，一定不要换过头，否则又都换回原位了！

3. 参考程序

```
#include <stdio.h>
void rev(int a[],int i,int j)
{
    int temp;
    if(i<j)
    {
        temp=a[i];
        a[i]=a[j];
        a[j]=temp;
        rev(a,i+1,j-1);
```

```
    }
}
void main()
{
    int i,n,a[100];
    scanf("%d",&n);
    for(i=0;i<n;i++)
        scanf("%d",&a[i]);
    rev(a,0,n-1);
    for(i=0;i<n;i++)
        printf("%d ",a[i]);
        printf("\n");
}
```

4.2.6 汉诺塔问题

（**题目来源**：JLOJ2348）

1. 问题描述

【Description】

设 *A*、*B*、*C* 是 3 个塔座。开始时，在塔座 *A* 上有一叠圆盘，共 *n* 个，这些圆盘自下而上、由大到小地叠在一起。各圆盘从小到大编号为 1，2，…，n，现要求将塔座 *A* 上的这一叠圆盘通过塔座 *B* 移到塔座 *C* 上，并仍按同样顺序叠置，问需要最少移动的步数。移动圆盘时应遵守以下移动规则。

规则 1：每次只能移动 1 个圆盘。

规则 2：任何时刻都不允许将较大的圆盘压在较小的圆盘上。

规则 3：在满足移动规则 1 和 2 的前提下，可将圆盘移至 *A*、*B*、*C* 中的任一塔座上。

【Input】

输入一个整数 n（$0<n\leqslant 20$）。

【Output】

输出一个整数，代表完成汉诺塔移动的最少步数。

【Sample Input】

3

【Sample Output】

7

2. 问题分析

有 3 个塔座，*n* 个圆盘：

初始：所有圆盘放在 *A* 号塔座上，大的在下面，小的在上面。

任务：把圆盘移动到 C 号塔座上，顺序不变，可用 B 号塔座辅助。

递归解题方法：

步骤 1：先将 *A* 上的 $n-1$ 个圆盘借助 *C* 移到 *B* 上。

步骤 2：将 A 上最大的圆盘从 A 移到 C 上。

步骤 3：再将 B 上的 n–1 个圆盘从 A 移到 C 上。

如 n=3 时，3 阶汉诺塔的移动：$A \to C$，$A \to B$，$C \to B$，$A \to C$，$B \to A$，$B \to C$，$A \to C$。需要最少移动 7 步。

3. 参考程序

```
#include <stdio.h>
int m;
void hanoi(int n,char A,char B,char C)
{
    if(n==1)
    {
        m++;
    }
    else
    {
        hanoi(n-1,A,C,B);
        m++;
        hanoi(n-1,B,A,C);
    }
}
void main()
{
    int n;
    char A,B,C;
    scanf("%d",&n);
    m=0;
    hanoi(n,'A','B','C');  /* 字符常量 A、B、C 分别代表 3 个位置 */
    printf("%d\n",m);
}
```

4.3 实战训练

4.3.1 递归取数

（题目来源：JLOJ2431）

【Description】

从 1，2，3，…，n 中取出 m 个数，将所有组合按照字典顺序列出。

【Input】

输入两个正整数 m、n（$0<m<n<30$）。

【Output】

按照字典顺序输出所有可能的组合。

【Sample Input】

3　2

【Sample Output】

1　2

1　3

2　3

4.3.2　递归拆数

（题目来源：JLOJ2432）

【Description】

给定自然数 n，将其拆分成若干自然数的和，输出所有解，每组解中的数字从小到大排列，相同数字的不同排列算一组解。

【Input】

输入一个自然数 n（$n<1000$）。

【Output】

输出拆分后的所有解。

【Sample Input】

3

【Sample Output】

3=1+2

3=1+1+1

3=3

4.3.3　求素数之积

（题目来源：JLOJ2433）

【Description】

用递归方法求 n 以内（包含 n）的所有素数的乘积。

【Input】

输入正整数 n（$0<n<30$）。

【Output】

输出素数的乘积。

【Sample Input】

7

【Sample Output】

105

4.3.4 反转字符串

（题目来源：JLOJ2434）

【Description】

设计递归算法，将给定的字符串反转。

【Input】

输入一个字符串。

【Output】

输出反转后的字符串。

【Sample Input】

abcdefghijklmno

【Sample Output】

onmlkjihgfedcba

4.3.5 公共子序列

（题目来源：JLOJ2435）

【Description】

求两个字符串最大公共子序列的长度（可以不连续）。

【Input】

输入两个字符串。

【Output】

输出最大公共子序列的长度。

【Sample Input】

ABCBDAB

ABCTGAB

【Sample Output】

5

4.3.6 卖鸭子

（题目来源：JLOJ2436）

【Description】

一个人赶着鸭子去每个村庄卖，每经过一个村庄卖出所赶鸭子的一半多一只，这样他经过了 n 个村庄后还剩两只鸭子。问：他出发时一共赶出的鸭子总数和每经过一个村庄卖出的鸭子数是多少？

【Input】

输入村庄数 n（$0<n<10$）。

【Output】

第一行为出发时一共赶出的鸭子总数；以后每行为经过的村庄数和卖掉鸭子的数量。

【Sample Input】

6

【Sample Output】

254
1---128
2---64
3---32
4---16
5---8
6---4

4.3.7 进制转换

（题目来源：JLOJ2437）

【Description】

利用递归法将十进制数转换为八进制数。

【Input】

输入一个十进制正整数 n（$0<n<2^{30}$）。

【Output】

输出八进制数。

【Sample Input】

563

【Sample Output】

1063

4.3.8 角谷定理

（题目来源：JLOJ2438）

【Description】

输入一个自然数 n，若 n 为偶数，则把它除以 2；若 n 为奇数，则把它乘以 3 加 1。经过如此有限次运算后，总可以得到自然数 1。求：经过多少次可得到自然数 1？

【Input】

输入一个自然数 n（$0<n<2^{30}$）。

【Output】

输出运算的次数。

【Sample Input】

6

【Sample Output】

9

4.3.9 杨辉三角

（题目来源：JLOJ2439）

【Description】

利用递归方法打印杨辉三角的前 *n* 行。

【Input】

输入自然数 *n*（*n*<10）。

【Output】

打印 *n* 行杨辉三角。

【Sample Input】

6

【Sample Output】

```
                1
             1     1
          1     2     1
       1     3     3     1
    1     4     6     4     1
 1     5    10    10     5     1
```

4.3.10 质因数分解

（题目来源：JLOJ2440）

【Description】

质因数分解：正整数 *n* 可以分解为若干个质因数之积。

【Input】

输入正整数 *n*（0<*n*<2000）。

【Output】

输出质因数之积为 *n* 的所有质因数。

【Sample Input】

1001

【Sample Output】

7

11

13

4.3.11 全排列

（题目来源：JLOJ2441）

【Description】

利用递归方法实现字符串全排列。

【Input】

输入一个字符串。

【Output】

输出所有可能的排列。

【Sample Input】

abc

【Sample Output】

abc

bcb

cac

bca

cba

cab

4.3.12 特殊性质的数

（题目来源：JLOJ2442）

【Description】

要求找出具有下列性质数的个数（包含输入的自然数 n）：先输入一个自然数 n（$n \leq 1000$），然后对此自然数按照如下方法进行处理：

（1）不进行任何处理。

（2）在它的左边加上一个自然数,但该自然数不能超过原自然数的一半。

（3）加上自然数后,继续按此规则进行处理,直到不能再加自然数为止。

要求：用递归法求出具有该性质数的个数。

【Input】

输入一个自然数 n（$n \leq 1000$）。

【Output】

输出具有该性质的数的个数。

【Sample Input】

6

【Sample Output】

6

4.3.13 放盘子

（题目来源：JLOJ2443）

【Description】

将 n 个有区别的球放到 m 个相同的盘子中，要求无一空盘子，求有多少种方案？

【Input】

输入两个正整数 m、n（$0<n<m<20$）。

【Output】

输出不同的方案数。

【Sample Input】

4 2

【Sample Output】

7

4.3.14 无序划分

（题目来源：JLOJ2444）

【Description】

一个整数 n 能无序划分成 k 份互不相同的正整数之和，如 9 能无序划分成 3 份，有 1+3+5、1+2+6、2+3+4 三种方案。给出 n 和 k 的值，求划分的方法数。

【Input】

输入两个正整数 n、k。

【Output】

输出划分的方法数。

【Sample Input】

9 3

【Sample Output】

3

4.3.15 回文数

（题目来源：JLOJ2445）

【Description】

在不超过 n 位的正整数中，有多少个回文数？

【Input】

输入一个正整数 n（$n < 10$）。

【Output】

输出回文数的个数。

【Sample Input】

5

【Sample Output】

1098

4.4 小　　结

递归法是设计和描述算法的一种有效的方法，它更侧重于算法，而不是算法策略。递归法通常用来解决“结构自相似”的问题。所谓结构自相似，是指构成原问题的子问题与原问题在结构上相似，可以用类似的方法解决。也就是说，整个问题的解决可以分为两部分：第一部分是一些特殊情况，有直接的解法；第二部分与原问题相似，但比原问题的规模小。实际上，递归就是把一个不能或不好解决的大问题转化为一个或几个小问题，再把这些小问题进一步分解成更小的小问题，直至每个小问题都得到解决。

递归算法设计的关键在于寻找递归关系，给出递归关系式，设置递归终止（边界）条件，控制递归。实际上，递归关系就是使问题向边界条件转化的规则。递归关系必须能使问题越来越简单，规模越来越小。

第 5 章　枚　举　法

5.1　算法设计思想

枚举法（也称穷举法）是一种蛮力策略，是一种简单而直接地解决问题的方法，也是一种应用非常普遍的方法。它根据问题中的给定条件将所有可能的情况一一列举出来，从中找出满足问题条件的解。此方法通常需要用多重循环来实现，测试每个变量的每个值是否满足给定的条件，若满足条件，就找到了问题的一个解。但是，用枚举法设计的算法其时间复杂度通常都是指数阶的。

例如，在“数据结构”课程中学习的选择排序、冒泡排序、插入排序、顺序查找和二叉树的遍历等，都是枚举法的具体应用。

用枚举法解决问题时，通常可以从两个方面进行算法设计。

（1）找出枚举范围：分析问题涉及的各种情况。

（2）找出约束条件：分析问题的解需要满足的条件，并用表达式表示出来。

5.2　典 型 例 题

5.2.1　百鸡问题

（题目来源：JLOJ2349）

1. 问题描述

【Description】

公元前 5 世纪，我国数学家张丘建在《算经》一书中提出了有趣的百鸡问题：鸡翁一值钱五，鸡母一值钱三，鸡雏三值钱一。百钱买百鸡，问鸡翁、鸡母、鸡雏各几何？

【Input】

无。

【Output】

给出所有的解，每组解占一行。

解的顺序：按“字典序”排列，即公鸡数少的在前；公鸡数相同，母鸡数少的在前。

格式控制如下：

```
cock=%d,hen=%d,chicken=%d\n
```

【Sample Input】

无。

【Sample Output】

cock=0, hen=25, chicken=75

cock=4, hen=18, chicken=78

cock=8, hen=11, chicken=81

cock=12, hen=4, chicken=84

2. 问题分析

这是一道典型的枚举类数学问题，分析如下：

（1）设鸡翁、鸡母、鸡雏分别为 x、y、z 只，依题意可以列出方程组：

$$\begin{cases} x+y+z=100 \\ 5x+3y+z/3=100 \end{cases}$$

这里有 3 个未知数，只有两个方程，可能有多组解。根据题意，只求解出正整数解即可。

（2）应用枚举法设计算法，需要使用三重循环。根据可能性作分析，不难确定可能的取值范围为：

鸡翁 x：0～19，不可能大于等于 20，否则不能买到 100 只鸡。

鸡母 y：0～32，不可能大于等于 33，否则不能买到 100 只鸡。

鸡雏 z：3～98，且应是 3 的倍数。

（3）解的判断条件：如果 x、y、z 的值同时满足两个方程，则是问题的一组解。

3. 参考程序

```
#include <stdio.h>
#include <stdlib.h>
int main()
{
    int i,j,k;
    for(i=0;i<20;i++)
        for(j=0;j<34;j++)
        for(k=0;k<300;k++)
        if((15*i+9*j+k)==300&&(i+j+k)==100)
                printf("cock=%d,hen=%d,chicken=%d\n",i,j,k);
    return 0;
}
```

5.2.2 水仙花数

（题目来源：JLOJ2350）

1. 问题描述

【Description】

所谓“水仙花数”，是指一个 3 位数，其各位数字的立方和等于该数本身。例如，153

是一个水仙花数，因为 $153=1^3+5^3+3^3$。求出所有的水仙花数。

【Input】

无。

【Output】

所有的水仙花数，从小数开始，每行一个。

2. 问题分析

设 s 为任意一个 3 位数，其个位、十位、百位数字分别为 a、b、c，可知 a、b 的取值范围为 0～9；c 的取值范围为 1～9。依照上述题意可列出表达式：$s=100*c+10*b+a$，如果满足 $s=a*a*a+b*b*b+c*c*c$，那么这个数就是水仙花数。

3. 参考程序

```
#include"stdio.h"
#include"math.h"
main()
{
      int x=100,a,b,c;
      while(x>=100&&x<1000)
      {
            a=0.01*x;b=10*(0.01*x-a);c=x-100*a-10*b;
            if(x==(pow(a,3)+pow(b,3)+pow(c,3)))
                  printf("%d\n",x);x++;
      }
}
```

5.2.3 完数

（题目来源：JLOJ2351）

1. 问题描述

【Description】

一个数如果恰好等于它的因子之和，则这个数就称为“完数”。例如，6 的因子为 1、2、3，而 6=1+2+3，因此 6 是“完数”。编写程序，找出 N 之内的所有完数，并打印出它们的所有因子。

【Input】

输入正整数 n（n<1000）。

【Output】

? its factors are ? ? ?

【Sample Input】

100

【Sample Output】

6 its factors are 1 2 3

28 its factors are 1 2 4 7 14

2. 问题分析

（1）设 i 为 n 以内的任意一个整数，令 j 是小于 i 的整数，如果 j 是 i 的因子，就累加 j，所有因子之和用 sum 表示，如果 i=sum，那么 i 就是完数，否则不是。

（2）应用枚举法设计算法，需要双重循环。根据可能性进行分析，不难确定可能的取值范围为：

i：2～n，每个数都需要被判断是否为完数。

j：1～i/2，i 的因子不可能大于 i/2。

3. 参考程序

```
#include <stdio.h>
int main()
{
    int n;
    int i,j;
    int sum = 0;
    scanf("%d",&n);
    for(i = 2; i <= n; i++)
    {
        sum = 0;
        for(j = 1; j < i; j++)
        {
            if(i%j == 0)
                sum += j;
        }
        if(sum == i)
        {
            printf("%d its factors are ",i);
            for(j = 1; j < i; j++)
                if(i%j == 0)
                    printf("%d ",j);
            printf("\n");
        }
    }
    return 0;
}
```

5.2.4　可逆素数

（题目来源：JLOJ2352）

1. 问题描述

【Description】

可逆素数是指将一个素数的各位数字顺序倒过来以后构成的数，也是素数。求出 m～n

范围内所有的可逆素数。

【Input】

输入两个正整数 m 和 n（$100<m<n<1000$）。

【Output】

例如素数 107，其可逆素数 701 也是素数，只能输出两者中最小的，且最后按升序输出。

2. 问题分析

先求出 m～n 范围内的素数 i，然后把这个素数倒转过来，例如 107 倒转变成 701，如果倒转之后的数也是素数，那么就输出这个数和倒转之后的数。

3. 参考程序

```
#include <stdio.h>
#include <math.h>
int isPrime(int n)
{
    double j;
    int i;
    j=sqrt(n);
    for(i=2; i<=j; i++)
        if(n%i==0)          /* 判断 n 是否为素数 */
            return 0;
    return 1;
}
int turn(int n)
{
    int a,b,c;
    a=n/100;
    b=n%100/10;
    c=n%10;
    return c*100+b*10+a;
}
int main()
{
    int i,m,n;
    scanf ("%d%d", &m, &n);
    for (i=m; i<=n; i++)
    {
        if ((i/100)%2==0)
        {
            i=i+100;
            continue;              /*只判断百位为奇数的数*/
        }
```

```
        if (isPrime(i)==0)          /* 判断是素数后,继续判断是否为可逆素数 */
            continue;               /* 否则进入下一循环 */
        else if(isPrime(turn(i))&&i<turn(i))
            printf("%d\n",i);
    }
    return 0;
}
```

5.2.5 串匹配问题

（**题目来源**：JLOJ2353）

1. 问题描述

【Description】

给定一个字符串（主串），在该字符串中查找并定位任意给定字符串（模式串）。查看给定的字符串是否包含在该字符串中。若匹配成功，则返回模式串第一个字符在主串中的位置，否则返回–1。

【Input】

第一行为字符串 *a*（主串），第二行为字符串 *b*（模式串）。串 *a*、*b* 的长度都小于 5000。

【Output】

返回 *b* 串在 *a* 串第一次匹配成功的位置，若匹配不成功，则返回–1。

【Sample Input】

asdfgh

dfg

【Sample Output】

3

2. 问题分析

模式串中的每个字符依次和主串中的一个连续的字符序列相等，则称为匹配成功，反之称为匹配不成功。从主串 a 的第一个字符开始和模式串 b 的第一个字符进行比较，若相等，则继续比较两者的后续字符；若不相等，则从主串 a 的第二个字符开始和模式串 b 的第一个字符进行比较，重复上述过程，若 b 中的字符全部比较完毕，则说明本趟匹配成功；若主串 a 中剩下的字符不足够匹配整个模式串 b，则匹配失败。

在进行字符串匹配过程中，当某个位置匹配不成功的时候，应该从模式串的下一个位置开始新的比较。将这个位置的值存放在 next 数组中，其中 next 数组中的元素满足这个条件：next[j]=k，表示的是当模式串中的第 j+1 个字符发生匹配不成功的情况时，应该从模式串的第 k+1 个字符开始新的匹配。如果已经得到了模式串的 next 数组，匹配可如下进行：令指针 i 指向主串 s，指针 j 指向模式串 t 中当前正在比较的位置。令指针 i 和指针 j 指向的字符比较，如果两字符相等，则顺次比较后面的字符；如果两字符不相等，则指针 i 不动，回溯指针 j，令其指向模式串 t 的第 pos 个字符，使 t[0～pos–1] = s[i–pos～i–1]。然后指针 i 和指针 j 指向的字符按此种方法继续比较，直到 j = m–1，即在主串 s 中找到模式串 t 为止。next 函数的编写为整个算法的核心，设计出快速正确的 next 函数也是 KMP 算法的重中之重。

利用递推思想来设计 next 函数：

（1）令 next[0] = –1（当 next[j] = –1 时，证明字符串匹配要从模式串的第 0 个字符开始，且第 0 个字符并不和主串的第 i 个字符相等，i 指针向前移动）。

（2）假设 next[j] = k，说明 t[0～k–1] = t[j–k～j–1]。

（3）现在来求 next[j+1]。

① 当 t[j] = t[k]时，说明 t[0～k] = t[j–k～j]，这时分为两种情况讨论：当 t[j+1] != t[k+1]时，显然 next[j+1] = k+1；当 t[j+1] = t[k+1]时，说明 t[k+1]和 t[j+1]一样，都不和主串的字符相匹配，因此 m = k+1，j=next[m]，直到 t[m] != t[j+1]，next[j+1] = m。

② 当 t[j] != t[k]时，必须在 t[0～k–1]中找到 next[j+1]，这时 k = next[k]，直到 t[j] = t[k]，next[j+1] = next[k]；这样，我们就通过递推思想求得了匹配串 t 的 next 函数。

3. 参考程序

```
#include <stdio.h>
#include <string.h>
void getnext(char *t,int *next,int tlength)
/* 求模式串 t 的 next 函数值并存入数组 next */
{
   int i=1,j=0;
   next[1]=0;
   while(i<tlength)
   {
      if(j==0||t[i]==t[j])
      {
         ++i;
         ++j;
         next[i]=j;
      }
      else
         j=next[j];
   }
}
int indexkmp(char *s, char *t,int pos,int tlength,int slength,int *next)
  /* 利用模式串 t 的 next 函数求 t 在主串 s 中第 pos 个字符之后的位置 */
{
   int i=pos,j=1;
   while(i<=slength&&j<=tlength)
   {
   if(j==0||s[i]==t[j])    /* 继续比较后继字符 */
   {
      ++i;
      ++j;
   }
```

```
        else                    /* 模式串向后移动 */
          j=next[j];
      }
      if(j>tlength)             /* 匹配成功，返回匹配起始位置 */
        return i-tlength;
      else
        return -1;
}
int main()
{
    int locate,tlength,slength,next[256];
    char s[256],t[256];
    slength=strlen(gets(s+1));
    tlength=strlen(gets(t+1));
    getnext(t,next,tlength);
    locate=indexkmp(s,t,0,tlength,slength,next);
    printf("%d\n",locate);
    return 0;
}
```

5.2.6 最小公倍数问题

（题目来源：JLOJ2354）

1. 问题描述

【Description】

输入 3 个正整数，求这 3 个数的最小公倍数。

【Input】

输入数据只有一行，包括 3 个不大于 1000 的正整数。

【Output】

输出数据也只有一行，给出这 3 个数的最小公倍数。

【Sample Input】

4 5 6

【Sample Output】

60

2. 问题分析

输入 3 个数：$x1$、$x2$、$x3$，如果一个数 i 能同时整除这 3 个数，则这个数 i 就是它们的公倍数。找出满足条件的最小的数 i，它就是这 3 个数的最小公倍数。根据最小公倍数的定义，令 i 从 $x1$、$x2$、$x3$ 中最大的数开始依次递增，则 $x1$、$x2$、$x3$ 的第一个公倍数 i 就是我们要求的最小公倍数。

利用最小公倍数的定义，逐步枚举尝试问题的解。算法虽然简单易懂，但效率太低。下面用短除法的思想进行算法设计。

该方法的主要思想是：找到 3 个数的所有公约数（因子），然后相乘便是它们的最小公倍数。3 个数的因子有 3 种情况：3 个数共有的、2 个数共有的、1 个数独有的。计算时按顺序优先处理前面的情况。无论哪种情况，一个因子都只能累乘一次。

3. 参考程序

```
#include <stdio.h>
int max(int x,int y,int z)
{
    if(x>y&&x>z) return(x);
    else if(y>x&&y>z) return(y);
    else return(z);
}
int main()
{
    int x1,x2,x3,t=1,i,flag,x0;
    scanf("%d%d%d",&x1,&x2,&x3);
    x0=max(x1,x2,x3);
    for(i=2; i<=x0; i++)
    {
        flag=1;
        while(flag==1)
        {
            flag=0;                 /*默认没有公约数*/
            if(x1%i==0)             /*判断 i 是否为 x1 的因子*/
            {
                x1=x1/i;
                flag=1;
            }
            if(x2%i==0)
            {
                x2=x2/i;
                flag=1;
            }
            if(x3%i==0)
            {
                x3=x3/i;
                flag=1;
            }
            if(flag==1)
            t*=i;                   /*t 为所有因子的乘积，最后得到最小公倍数*/
        }
        x0=max(x1,x2,x3);
    }
    printf("%d\n", t);
```

```
    return 0;
}
```

5.2.7 狱吏问题

（**题目来源**：JLOJ2355）

1. 问题描述

【Description】

某国王大赦囚犯，让一狱吏 n 次通过一排锁着的 n 间牢房，每通过一次，按规则转动 n 间牢房的某些门锁，每转动一次，原来锁着的门被打开，原来打开的门被锁上，通过 n 次后，门开着的，牢房中的犯人被放出，否则犯人不得释放。

转动门锁的规则：第一次通过牢房，从第 1 间牢房开始要转动每把门锁，即把全部的锁打开；第 2 次通过牢房时，从第 2 间牢房开始转动，每隔一间转动一次……第 k 次通过牢房时，从第 k 间牢房开始转动，每隔 k–1 间转动一次；问：通过 n 次后，哪些牢房的锁是打开的？

【Input】

输入一个整数 n（n<1000000），表示牢房的间数，牢房编号从 1 开始。

【Output】

输出锁是开着的牢房的编号。

【Sample Input】

15

【Sample Output】

1 4 9

2. 问题分析

转动门锁的规则：

第一次转动的是编号为 1 的倍数的牢房，第二次转动的是编号为 2 的倍数的牢房，第三次转动的是编号为 3 的倍数的牢房……则狱吏问题是一个关于因子个数的问题。

对于整数 n 的因子个数 s，有的为奇数，有的为偶数。由于牢房的门开始是关着的，这样编号为 i 的牢房所含 1～i 之间不重复因子个数为奇数时，牢房最后是打开的；反之，牢房最后是关闭的。

因此只需找到因子个数为奇数的牢房号，也就是 s 除以 2 余数为 1 时，牢房的门是开着的。

程序运行的时间长短与枚举的次数成正比，为了提高程序运行的速度，需要尽可能降低循环嵌套的层数、减少选择判断的次数。狱吏问题其实就是一个数学问题，当且仅当 n 为完全平方数时，n 的因子个数为奇数，只找出小于 n 的平方数即可。

3. 参考程序

```
#include <stdio.h>
```

```
#include <math.h>
int warder(int n)
{
    int a[10000];
    int i,j=0,temp;
    for(i=1; i<=n; i++)
    {
        temp=(int)sqrt(i);
        if(temp*temp==i)
            a[j++]=i;
    }
    for(i=0; i<j; i++)
        printf("%d ",a[i]);
    return 0;
}
int main()
{
    int n;
    scanf("%d",&n);
    warder(n);
    printf("\n");
    return 0;
}
```

5.3 实 战 训 练

5.3.1 素数筛选问题

（**题目来源**：JLOJ2446）

【Description】

已知两个正整数 m 和 n（$m<n$），求 m～n 的所有素数。

【Input】

输入两个正整数 m 和 n。

【Output】

输出满足条件的所有素数，每行打印 5 个。

【Sample Input】

198 260

【Sample Output】

199 211 223 227 229
233 239 241 251 257

5.3.2 纸币换硬币

（*题目来源*：JLOJ2447）

【Description】

把 n 元纸币换成 1 分、2 分、5 分三种硬币（每种至少一枚），有多少种换法。

【Input】

输入整数 n（注意，单位为元）。

【Output】

输出多少种换法。

【Sample Input】

1

【Sample Output】

461

5.3.3 勾股数问题

（*题目来源*：JLOJ2448）

【Description】

设 3 个正整数 a、b、c 满足 $a^2+b^2=c^2$，则称 a、b、c 为一组勾股数。现输入一个整数 n，求出所有 $c<n$ 的勾股数，且要求结果不重复。

【Input】

输入一个整数 n（$0<n<1000$）。

【Output】

输出所有组的勾股数及共计有多少组。要求结果不重复。

【Sample Input】

20

【Sample Output】

3,4,5
5,12,13
6,8,10
8,15,17
9,12,15
共计有 5 组

5.3.4 生理周期问题

（*题目来源*：JLOJ2449；POJ1006）

【Description】

人生来就有 3 个生理周期，分别为体力、感情和智力周期，它们的周期长度为 23 天、28 天和 33 天。每个周期中有一天是高峰。在高峰这天，人会在相应的方面表现出色。例如，智力周期的高峰，人会思维敏捷，精力容易高度集中。因为 3 个周期的周期长度不同，所以通常 3 个周期的高峰不会落在同一天。对于每个人，我们想知道何时 3 个高峰落在同一天。对于每个周期，我们会给出从当前年份的第一天开始，到出现高峰的天数（不一定是第一次高峰出现的时间）。给定一个从当年第一天开始数的天数，输出从给定时间开始（不包括给定时间）下一次 3 个高峰落在同一天的时间（距给定时间的天数）。例如，给定时间为 10，下次出现 3 个高峰同一天的时间是 12，则输出 2（注意，这里不是 3）。

【Input】

输入 4 个整数：p、e、i 和 d。p、e、i 分别表示体力、情感和智力高峰出现的时间（时间从当年的第一天开始计算）。d 是给定的时间，可能小于 p、e、i。所有给定时间是非负的并且小于 365，所求的时间小于等于 21252（不需要考虑闰年）。

【Output】

输出从给定时间起，下一次 3 个高峰同一天的时间（距离给定时间的天数）。

【Sample Input】

```
0 0 0 0
0 0 0 100
5 20 34 325
4 5 6 7
283 102 23 320
203 301 203 40
-1 -1 -1 -1
```

【Sample Output】

```
Case 1: the next triple peak occurs in 21252 days.
Case 2: the next triple peak occurs in 21152 days.
Case 3: the next triple peak occurs in 19575 days.
Case 4: the next triple peak occurs in 16994 days.
Case 5: the next triple peak occurs in 8910 days.
Case 6: the next triple peak occurs in 10789 days.
```

5.3.5 构造比例数

（*题目来源*：JLOJ2450）

【Description】

将 1，2，3，…，9 共 9 个数分成 3 组，分别组成 3 个 3 位数，且使这 3 个 3 位数构成 1∶2∶3 的比例，试求所有满足条件的 3 个 3 位数。

【Input】

无。

【Output】

打印所有满足条件的 3 个 3 位数。

【Sample Input】

无。

【Sample Output】

192 384 576
219 438 657
273 546 819
327 654 981

5.3.6 自守数

（题目来源：JLOJ2451）

【Description】

自守数是指一个数的平方的尾数等于该数自身的自然数，请求出 $m \sim n$ 的自守数。

【Input】

输入范围 $m \sim n$。

【Output】

打印出输入范围内的自守数。

【Sample Input】

1 200000

【Sample Output】

1
5
6
25
76
376
625
9376
90625
109376

5.3.7 谁是窃贼

（题目来源：JLOJ2452）

【Description】

公安人员审问 4 名窃贼嫌疑犯。已知这 4 人中仅有一名是窃贼，还知道这 4 人中每人要么是诚实的，要么是说谎的。在回答公安人员的问题中：

甲：“乙没有偷，是丁偷的。”

乙：“我没有偷，是丙偷的。”

丙：“甲没有偷，是乙偷的。”

丁：“我没有偷。”

请根据这 4 人的答话判断谁是盗窃者。

【Input】

无。

【Output】

用 A、B、C、D 代表甲、乙、丙、丁。

打印 The thief is “”（实际输出中没有引号）

【Sample Input】

无。

【Sample Output】

（打印 The thief is：“甲、乙、丙、丁”之一）

5.3.8 独特的数

（题目来源：JLOJ2453）

【Description】

3025 这个数具有一种独特的性质：将它平分为两段，即 30 和 25，然后相加后求平方，即$(30+25)^2$，恰好等于 3025 本身。求所有具有该性质的四位数。

【Input】

无。

【Output】

输出所有满足条件的四位数，用空格隔开。

【Sample Input】

无

【Sample Output】

2025 3025 9801

5.3.9 握手问题

（题目来源：JLOJ2454）

【Description】

两个人每见面一次都要握一次手，按这样规定，n 个人见面共握多少次手？

【Input】

第一行给出测试组数 m，接下来 m 行为见面的人数 n。

【Output】

打印每组数据 n 需要握手的次数。

【Sample Input】

3

10

20

30

【Sample Output】

45

190

435

5.3.10　趣味数学

（*题目来源*：JLOJ2455）

【Description】

马克思手稿中有一道趣味数学问题：有 30 个人，其中有男人、女人和小孩，在一家饭馆吃饭花了 50 先令（1 先令≈0.7 元）；每个男人花 3 先令，每个女人花 2 先令，每个小孩花 1 先令；问男人、女人和小孩各有几人？

【Input】

无。

【Output】

输出所有种可能，每行数据间用空格隔开。

【Sample Input】

无。

【Sample Output】

0　20　10

1　18　11

2　16　12

3　14　13

4　12　14

5　10　15

6　8　16

7　6　17

8　4　18

9　2　19

10　0　20

5.3.11　暴力枚举之绝对值

（*题目来源*：JLOJ2456；HDU 5778）

【Description】

给定一个数字 x，问：正整数 $y\geqslant 2$ 时，满足下列条件：

（1）$y-x$ 的绝对值是最小的。

（2）对 y 的质因数进行分解，每个质因数都出现 2 次。

【Input】

输入的第一行是一个整数 T（$1 \leqslant T \leqslant 50$），之后的 T 行为测试用例。

对于每个测试用例,一行包含一个整数 x（$1 \leqslant x \leqslant 10^{18}$）。

【Output】

对于每个测试用例，打印 $y-x$ 的绝对值。

【Sample Input】

5
1112
4290
8716
9957
9095

【Sample Output】

23
65
67
244
70

5.3.12 回文数

（题目来源：JLOJ2457）

【Description】

观察数字：12321 和 768867 有一个共同的特性，就是无论是从左向右读，还是从右向左读，都是相同的，我们把这样的数叫作回文数。现要求从 m 位的十进制正整数中找出各个位数字之和等于 n 的所有回文数。

【Input】

输入两个正整数 m 和 n，$1<m<10$，$1<n<82$。

【Output】

每行输出 5 个满足条件的回文数，以空格为分隔符，并且按照从小到大的顺序输出。如果没有满足条件的回文数，则输出–1。

【Sample Input】

6 10

【Sample Output】

104401 113311 122221 131131 140041
203302 212212 221122 230032 302203
311113 320023 401104 410014 500005

5.3.13 逆序对数

（**题目来源**：JLOJ2458；HDOJ 5225）

【Description】

Tom 会通过写程序求出一个 $1\sim n$ 的排列的逆序对数，但他的老师给了他一个难题：给出一个 $1\sim n$ 的排列，求所有字典序比它小的 $1\sim n$ 的排列的逆序对数之和。Tom 一时不知道该怎么做，所以来找你帮他解决这个问题。

【Input】

输入包含多组数据（小于 20 组）。对于每组数据，第一行为一个正整数 n，第二行为 n 个数，是一个 n 的排列。

【Output】

每组数据输出一行。由于结果可能很大，答案对 10^9+7 取模。

【Sample Input】

3

2 1 3

5

2 1 4 3 5

【Sample Output】

1

75

5.3.14 放牧

（**题目来源**：JLOJ2459；HDU 4709）

【Description】

小约翰正在放牧。因为他是一个懒惰的男孩，所以不能容忍一直追赶牛群。后来，他注意到草地上有 N 棵树，编号从 1 到 N，并计算出它们的笛卡儿坐标（X_i, Y_i）。为了安全地放牛，最简单的办法是把一些树木和栅栏连起来，形成的封闭区域就是放牧区域。小约翰希望这个区域的面积尽可能小，当然也不能为零。

【Input】

第一行包含测试用例数量 T（$T \leqslant 25$）。以下几行是每个测试用例的场景。

每个测试用例的第一行包含一个整数 $N(1 \leqslant N \leqslant 100)$。以下 N 行描述树木的坐标。每条线将包含代表相应树的坐标的两个浮点数 X_i 和 Y_i（$-1000 \leqslant X_i$，$Y_i \leqslant 1000$）。树的坐标不能一致。

【Output】

对于每个测试用例，请输出一个数字，取小数点后面两位数，代表最小区域的面积。如果不存在这样的区域，就输出 Impossible。

【Sample Input】

1

4
−1.00 0.00
0.00 −3.00
2.00 0.00
2.00 2.00

【Sample Output】

2.00

5.3.15 餐厅点餐

（**题目来源：** JLOJ2460）

【Description】

学校餐厅有 a 种汤、b 种饭、c 种面条、d 种荤菜、e 种素菜。

为了保证膳食搭配，Jack 每顿饭都会点 1～2 样荤菜，1～2 样素菜（不重复）。同时，Jack 心情好的时候，会点一种饭，再配上一种汤。Jack 心情不好的时候，就只吃一种面条。

因为经济有限，Jack 每次点餐的总价在 min～max。Jack 想知道，总共有多少种不同的点餐方案。

【Input】

输入数据：第一行包含一个整数 T，表示测试数据的组数，对于每组测试数据：

第一行为整数 a、b、c、d、e（$0 < a$、b、c、d、$e \leqslant 10$）。

第二行为 a 个大于零的整数，表示 a 种汤的价格。

第三行为 b 个大于零的整数，表示 b 种饭的价格。

第四行为 c 个大于零的整数，表示 c 种面条的价格。

第五行为 d 个大于零的整数，表示 d 种荤菜的价格。

第六行为 e 个大于零的整数，表示 e 种素菜的价格。

第七行为两个整数 min 和 max，表示每次点餐的价格范围。

【Output】

对于每组测试数据，输出一行，包含一个整数，表示点餐方案数。

【Sample Input】

1
2 2 2 2 2
2 3
3 1
5 2
1 4
3 6
5 8

【Sample Output】

3

5.4 小　　结

枚举法既是一个策略，也是一个算法，还是一种分析问题的手段。枚举法的求解思路很简单，就有对问题的所有可能的解逐一尝试，从而找到问题的真正解。当然，这就要求所解问题的可能解是有限的、固定的、容易枚举的。枚举法多用于决策类问题，这类问题往往不易找出大、小规模间问题的关系，也不易对问题进行分解，因此用尝试的方法对整体求解。

枚举法算法的实现依赖于循环，通过循环嵌套枚举问题中的各种可能情况。对于规模不固定的问题，就无法用固定重数的循环嵌套来枚举了，其中有的问题通过变换枚举对象，进而可以用循环嵌套枚举实现；但更多的任意指定规模的问题都是靠递归或非递归回溯法，通过“枚举”或“遍历”各种可能情况来求解问题的。

第6章 模拟法

6.1 算法设计思想

模拟法是最直观的问题求解方法，通常是对某一类事件进行描述，通过事件发生的先后顺序进行输入输出。一般来说，模拟法只要读懂问题的要求，将问题中的各种事件进行编码，即可完成。

模拟法解题没有固定的模式，一般有两种形式。

（1）随机模拟：题目给定或者隐含某一概率。设计者利用随机函数和取整函数设定某一范围的随机值，将符合概率的随机值作为参数，然后根据这一模拟的数学模型展开算法设计。由于解题过程借助了计算机的伪随机数产生数，其随机的意义要比实际问题中真实的随机变量稍差一些，因此模拟效果有不确定的因素。例如，数字模拟（又称数字仿真）、进站时间模拟等。

（2）过程模拟：题目不给出概率，要求编程者按照题意设计数学模型的各种参数，观察变更这些参数引起过程状态的变化，由此展开算法设计。模拟效果完全取决于过程模拟的真实性和算法的正确性，不含任何不确定因素。由于过程模拟的结果无二义性，因此竞赛中多数都采用过程模拟。例如，竖式乘除模拟、电梯问题和扑克洗牌问题等。

6.2 典型例题

6.2.1 电梯问题

（题目来源：JLOJ2356）

1. 问题描述

【Description】

某城市最高的建筑物只有一个电梯。一个请求列表是由 N 个正整数组成的。数字表示电梯将停在哪个楼层。电梯向上移动一层需要 6s，向下移动一层需要 4s。电梯每次停下会停留 5s。

对于给定的请求列表，需要计算用于满足列表中所有请求的总时间。电梯开始时在第 0 层，当要求完成时，不需要返回地面。

【Input】

有多个测试用例。每个例子都包含一个正整数 N，后面跟着 N 个正整数。输入的所有数都小于 100。输入的测试用例为 0 时，表示输入结束。这个测试用例不需要处理。

【Output】

输出每个测试用例所需的总时间，每个结果各占一行。

【Sample Input】

1 2

3 2 3 1

0

【Sample Output】

17

41

2. 问题分析

这是一道非常简单的题，只需要根据电梯请求列表，模拟出电梯的运动过程（上升、下降、留在同一层），但是需要注意的是，留在同一层也是需要加时间的。例如，输入 2 1 1，要输出 16，而不是 11。其他的上升和下降不需要考虑，正常计算就好。

3. 参考程序

```
#include<stdio.h>
int main()
{
    int n, m, sum, k;
    while (scanf("%d", &n) != EOF && n) {
        scanf ("%d", &m);
        sum = n * 5 + 6 * m;
        for (int i = 1; i < n; i++) {
            scanf("%d", &k);
            sum += (m-k)>0?(m-k)*4:(k-m)*6;
            m = k;
        }
        printf("%d\n", sum);
    }
    return 0;
}
```

6.2.2 扑克洗牌问题

（题目来源：JLOJ2357）

1. 问题描述

【Description】

给您 $2n$ 张牌，编号为 1，2，3，…，n，$n+1$，…，$2n$，这也是最初牌的顺序。一次洗牌是把序列变为 $n+1$，1，$n+2$，2，$n+3$，3，$n+4$，4，…，$2n$，n。可以证明，对于任

意自然数 n，都可以在经过 m 次洗牌后重新得到初始的顺序。

编程对于小于 10000 的自然数 n（n 从键盘输入）的洗牌，求出重新得到初始顺序的洗牌次数 m 的值，并显示洗牌过程。

【Input】

输入整数 n。

【Output】

显示洗牌过程，并输出洗牌次数 m。

【Sample Input】

5

【Sample Output】

```
1   2   3   4   5   6   7   8   9   10
1: 6   1   7   2   8   3   9   4   10   5
2: 3   6   9   1   4   7   10   2   5   8
3: 7   3   10   6   2   9   5   1   8   4
4: 9   7   5   3   1   10   8   6   4   2
5: 10   9   8   7   6   5   4   3   2   1
6: 5   10   4   9   3   8   2   7   1   6
7: 8   5   2   10   7   4   1   9   6   3
8: 4   8   1   5   9   2   6   10   3   7
9: 2   4   6   8   10   1   3   5   7   9
10: 1   2   3   4   5   6   7   8   9   10
m=10
```

2. 问题分析

设洗牌前位置 k 的编号为 $p(k)$，洗牌后位置 k 的编号变为 $b(k)$。

首先要寻求与确定洗牌前后牌的顺序改变规律。

初始牌前 n 个位置的编号赋值变化：位置 1 的编号赋给位置 2，位置 2 的编号赋给位置 4，……，位置 n 的编号赋给位置 $2n$，即 $b(2k)=p(k)(k=1, 2, \cdots, n)$。

初始牌后 n 个位置的编号赋值变化：位置 $n+1$ 的编号赋给位置 1，位置 $n+2$ 的编号赋给位置 3，……，位置 $2n$ 的编号赋给位置 $2n-1$，即 $b(2k-1)=p(n+k)$（$k=1, 2, \cdots, n$）。

约定洗牌 10000 次（可增减），设置 m 循环，在 m 循环中实施洗牌，每次洗牌后检测是否得到初始的顺序。

3. 参考程序

```
#include <stdio.h>
int main()
{
    int k,n,m,y,p[10000],b[10000];
    scanf("%d",&n);
    for(k=1;k<=2*n;k++)                          /* 最初牌的顺序*/
```

```
    {
       p[k]=k;
       printf("%d  ",p[k]);
    }
    for(m=1;m<=20000;m++)
    {
       y=0;
       for(k=1;k<=n;k++)                    /* 实施一次洗牌*/
       {
          b[2*k]=p[k];
          b[2*k-1]=p[n+k];
       }
       for(k=1;k<=2*n;k++)
          p[k]=b[k];
        printf("\n%d: ",m);                 /* 打印第 m 次洗牌后的结果*/
       for(k=1;k<=2*n;k++)
          printf("%d  ",p[k]);
       for(k=1;k<=2*n;k++)                  /* 检测是否回到初始顺序*/
          if(p[k]!=k)
             y=1;
       if(y==0)
       {
          printf("\nm=%d\n",m);break;
       }                                    /* 输出回到初始的洗牌次数*/
    }
     return 0;
}
```

6.2.3　进站时间模拟

（***题目来源***：JLOJ2358）

1. 问题描述

【Description】

根据统计资料，车站进站口进一个人的时间至少为 2s，至多为 8s。试求 n 个人进站所需的时间。

【Input】

输入正整数 n（n<1000）。

【Output】

输出进站所需的时间，以秒（s）为单位。

【Sample Input】

10

【Sample Output】

51

2. 问题分析

一个人的进站时间至少为 2s，至多为 8s，设时间精确到小数点后一位，则每个人进站的时间在 2.0，2.1，2.2，…，8.0 等数据中随机选取。

应用 C 语言库函数 srand(t)中进行随机数发生器初始化，其中 t 为所取的时间秒数。这样可避免随机数从相同的整数取值。C 库函数中的随机函数 rand()产生-90～32767 的随机整数，在随机模拟设计时，为产生区间[a, b]中的随机整数，可以应用 C 语言的整数求余运算实现：

```
rand()%(b-a+1)+a;
```

为简化设计，把每个人的进站时间乘以 10 转化为整数，即每个人的进站时间为 rand()%61+20，随机取值范围为 20,21,22,…,80，单位为 1/10s，则 n 个人的进站时间为：

```
for(t=0,i=1;i<=n;i++)
    t=t+rand()%61+20;
```

求和完成后，转化时间为秒（s），输出即可。

3. 参考程序

```
#include <stdio.h>
#include <stdlib.h>
#include <time.h>
void main()
{   int i,n,s; long t;
    scanf("%d",&n);
    t=time(NULL)%1000;
    srand(t);                           /* 随机数发生器初始化 */
    for(t=0,i=1;i<=n;i++)
        t=t+rand()%61+20;               /* 计算进站时间总和 */
    s=t/10;                             /*  转化为秒（s）输出  */
    printf("%d \n",s);
}
```

6.2.4 消息队列

（**题目来源**：JLOJ2359）

1. 问题描述

【Description】

消息队列是 Windows 系统的基础知识。对于每个进程，系统维护一个消息队列。如果在此过程中发生了一些事情，如鼠标单击、文本更改，系统将向队列添加一条消息。与此同时，进程将按照优先级值（如果不是空的话）从队列中获取消息进行循环。注意，较低的优先级值意味着更高的优先级。在这个问题中，要求您模拟消息队列，以便将消息从消息队列中发送和获取消息。

【Input】

在输入中只有一个测试用例。每行都是一个命令，GET 或 PUT，意思是获取消息或发送消息。如果命令是 PUT，则有一个字符串表示消息名，两个整数表示参数和优先级。最多将有 60000 个命令。注意：一条消息可能出现两次或更多次，如果两个消息具有相同的优先级，那么将首先处理第一个消息，即若优先级相同，则采用 FIFO（先进先出）原则。

【Output】

对于每个 GET 命令，输出命令从消息队列中获取一个行中的名称和参数。如果队列中没有消息，则输出 EMPTY QUEUE!。PUT 命令没有输出。

【Sample Input】

GET
PUT msg1 10 5
PUT msg2 10 4
GET
GET
GET

【Sample Output】

EMPTY QUEUE!
msg2 10
msg1 10
EMPTY QUEUE!

2. 问题分析

当输入 PUT 命令时，接收一个 msg 的名称、参数和优先级，将它放在队列尾，当输入 GET 时，如果队列是空的，则输出“EMPTY QUEUE!”；如果队列非空，则输出优先级最高的那个 msg 的名称和参数（也就是数值最小的），并把它从队列里删除。

也可以使用链表来模拟队列解决这个问题。首先建立链表，然后利用链表的插入和删除等操作解决该问题。

3. 参考程序

```
#include <stdio.h>
#include <stdlib.h>
#include <string.h>
typedef struct node
{
    char ch[1000];
    int data;
    int pri;
```

```
    struct node *next;
}node;

int main()
{
    char c[50];
    node *head=NULL;                          /* head 指向链表头结点 */
    while(scanf("%s",c)!=EOF)
    {
        if(!strcmp(c,"GET"))
        {
            if(head==NULL)
            printf("EMPTY QUEUE!\n");
            else
            {
                printf("%s %d\n",head->ch,head->data);
                node *n;
                n=head;
                head=head->next;
                free(n);
            }
        }
        else
        {
            node *t;
            t=(node *)malloc(sizeof(node));   /* t 指向新结点 */
            scanf("%s%d%d",t->ch,&(t->data),&(t->pri));
            t->next = NULL;
            if(head==NULL)
            {
                head=t;
            }
            else
            {
                node *tt;                     /* tt 指向适合放置新结点的位置 */
                tt=head;
                while(tt->next!=NULL && tt->next->pri <= t->pri)
                    tt=tt->next;
                if(head->pri>t->pri)
                {
                    t->next=head;
                    head=t;
                }
                else
                {
```

```
                t->next=tt->next;
                tt->next=t;
            }
        }
    }
  }
  return 0;
}
```

6.2.5 清除杂草

（题目来源：JLOJ2360）

1. 问题描述

【Description】

有一块 $n \times m$ 的地，其中每小块地要么长满杂草（用 W 表示），要么是空地（用 G 表示），现在有一个人站在（1,1）处，面向（1,m），他可以按如下两种方式移动：

（1）向面朝的方向移动一格，耗费 1 个单位时间。

（2）向下移动一格，并反转面朝的方向（右变左、左变右）耗费 1 个单位时间。

现在他想知道清除掉所有杂草最少需要多少个单位时间（清除完杂草后不用返回（1,1））。

【Input】

第一行为 n、m，

接下来的 n 行每行用一个字符串表示矩阵。

n，$m \leqslant 150$

【Output】

输出一个整数，表示答案。

【Sample Input】

4 5

GWGGW

GGWGG

GWGGG

WGGGG

【Sample Output】

11

2. 问题分析

根据题意，对除草的过程进行模拟，即可得出最后的答案。

3. 参考程序

```
#include <stdio.h>
#include <string.h>
int N,M,ans;          /* N行M列 */
int L[200];           /* 记录某一行最左边的草的位置 */
int R[200];           /* 记录某一行最右边的草的位置 */
int num[200];
int main()
{
    int N,M,j,i;
    while(scanf("%d%d",&N,&M)!=EOF)
    {
        char ch;
        for(i = 1; i <= N; i++)
        {
            num[i] = 0;
            L[i] = R[i] = 0;
            for(j = 1; j <= M; j++)
            {
                scanf(" %c",&ch);
                if(ch == 'W')
                {
                    num[i]++;
                    if(L[i]==0)
                    {
                        L[i] = j;
                    }
                    R[i] = j;
                }
            }
        }
        int start = 1;
        int ans = 0;
        int row = 0;
        for(i = 1; i <= N; i++)
        {
            if(num[i]!=0)
            {
                row = i;
            }
        }
        if(num[1] != 0)
        {
            ans += (R[1]-start);
```

```
            start = R[1];
        }
        for(i = 2; i <= row; i++)
        {
                                                /* 方向向左 */
            if(i%2==0)
            {
                if(R[i]!=0)
                {
                    if(R[i]>start)
                    {
                        ans += R[i]-start;
                        ans += R[i]-L[i];
                    }
                    else
                    {
                        ans += start-L[i];
                    }
                    start = L[i];
                }
            }
            else
            {
                if(L[i]!=0)
                {
                    if(L[i]>start)
                    {
                        ans += R[i]-start;
                    }
                    else
                    {
                        ans += start-L[i];
                        ans += R[i]-L[i];
                    }
                    start = R[i];
                }
            }
        }
        ans += row;
        ans--;
        printf("%d\n",ans);
    }
    return 0;
}
```

6.2.6 机器人的指令

（题目来源：JLOJ2361）

1. 问题描述

【Description】

数轴原点有一个机器人，该机器人将执行一系列指令，请预测执行完所有指令后机器人的位置。

LEFT：往左移动一个单位。

RIGHT: 往右移动一个单位。

SAME AS i：和第 i 条指令执行相同的动作。输入时要保证 i 是一个正整数，且不超过之前执行的指令数。

【Input】

第一行为数据组数 T（$T \leqslant 100$）。每组数据的第一行为整数 n（$1 \leqslant n \leqslant 100$），即指令条数。以下每行一条指令。指令按照输入顺序编号为 $1 \sim n$。

【Output】

对于每组数据，输出机器人的最终位置。每处理完一组数据，机器人应复位到数轴原点。

【Sample Input】

2
3
LEFT
RIGHT
SAME AS 2
5
LEFT
SAME AS 1
SAME AS 2
SAME AS 1
SAME AS 4

【Sample Output】

1
–5

2. 问题分析

根据题意，对机器人的行动过程进行模拟，即可得出最后的答案。

3. 参考程序

```
#include <stdio.h>
#include <stdlib.h>
#include <string.h>
```

```
int order[100];
char a[10], b[10];
int main(void){
    int n,i;
    scanf("%d",&n);
    while(n--)
    {
        int num;
        memset(order,0,sizeof(order)); //每次要将数组清零
        scanf("%d",&num);
        for(i=0;i<num;i++)
        {
            scanf("%s",a);
            if(a[0]=='L')
            {
              order[i]--;
            }
            if(a[0]=='R')
            {
                order[i]++;
            }
            if(a[0]=='S')
            {
                int f;
                scanf("%s",b);
                scanf("%d",&f);
                order[i]=order[f-1];
            }
        }
        int result=0;
        for(i=0;i<num;i++){
        result+=order[i];
        }
        printf("%d\n",result);
    }
    return 0;
}
```

6.3 实战训练

6.3.1 报数问题

（题目来源：JLOJ2461）

【Description】

有 N 个小孩围成一圈，给他们从 1 开始依次编号，现指定从第 W 个小孩开始报数，报

到 S 时，该小孩出列，然后从下一个小孩开始报数，仍是报到 S 时该小孩出列，如此重复下去，直到所有的小孩都出列（总人数不足 S 时将循环报数），求小孩出列的顺序。

【Input】

第一行输入小孩的人数 N（$N \leqslant 64$），接下来每行输入一个小孩的名字（人名不超过 15 个字符），最后一行输入 W，S（$W < N$），用逗号（,）间隔。

【Output】

按人名输出小孩出列的顺序，每行输出一个人名。

【Sample Input】

```
5
Xiaoming
Xiaohua
Xiaowang
Zhangsan
Lisi
2,3
```

【Sample Output】

```
Zhangsan
Xiaohua
Xiaoming
Xiaowang
Lisi
```

6.3.2 无限次幂

（题目来源：JLOJ2462）

【Description】

1，10，100，1000，…（10 的任意次幂）依次连接在一起，组成序列 1101001000……，求这个序列的第 N 位是 0，还是 1。

【Input】

第 1 行：一个数 T，表示后面用作输入测试用例的数量（$1 \leqslant T \leqslant 10000$）。

第 2 行到第 T+1 行：每行 1 个数 N（$1 \leqslant N \leqslant 10^9$）。

【Output】

共 T 行，如果该位是 0，则输出 0；如果该位是 1，则输出 1。

【Sample Input】

```
3
1
2
3
```

【Sample Output】

1

1

0

6.3.3 金币工资

（题目来源：JLOJ2463）

【Description】

国王将金币作为工资，发放给忠诚的骑士。第一天，骑士收到一枚金币；之后两天（第二天和第三天）里，每天收到两枚金币；之后三天（第四、五、六天）里，每天收到三枚金币；之后四天（第七、八、九、十天）里，每天收到四枚金币……这种工资发放模式会一直延续下去：当连续 N 天每天收到 N 枚金币后，骑士会在之后的连续 $N+1$ 天里，每天收到 $N+1$ 枚金币（N 为任意正整数）。

编写一个程序，计算从第一天开始的给定天数内，骑士一共获得了多少金币？

【Input】

输入一个整数 N（$1<N<10000$），表示天数。

【Output】

输出骑士获得的金币数。

【Sample Input】

6

【Sample Output】

14

6.3.4 进制转换

（题目来源：JLOJ2464）

【Description】

将十进制数 n 转换为二进制数（通过除 2 取余法，将所得的余数倒序排列即可）。

【Input】

输入一个整数 n（十进制数）。

【Output】

输出这个整数对应的二进制数。

【Sample Input】

10

【Sample Output】

1010

6.3.5 卡片魔术

（题目来源：JLOJ2465）

【Description】

Joe 手上有 7 张卡片，每张卡片上有一个大写字母，分别是 Z、J、U、T、A、C、M。现在他开始表演魔术，每次只交换其中的两张卡片，等表演结束后，请指出含有字母 J 的那张卡片。

【Input】

第一行正整数 N（$1 \leqslant N \leqslant 1000$）表示其后有 N 组测试数据。

每组测试数据的第一行整数 M（$0 \leqslant M \leqslant 1000$）表示 M 次交换操作；第二行有 M 对整数<x, y>，表示交换自上而下，从 1 开始编号的第 x 张和第 y 张卡片。开始时，自上而下 7 张卡片为 ZJUTACM，即 J 卡片的位置是 2。

【Output】

对于每组测试数据，输出 J 卡片的位置。

【Sample Input】

2

2

1 6 5 3

1

1 2

【Sample Output】

2

1

6.3.6 木棍上的蚂蚁

（题目来源：JLOJ2466）

【Description】

一根长 C cm 的木棍上有 n 只蚂蚁，已知每只蚂蚁有一个开始的位置和爬行方向（L 或 R），速度为 1 cm/s。当两只蚂蚁相撞后，两者同时掉头继续爬行，按输入顺序输出每只蚂蚁 T s 后的位置和朝向。

【Input】

输入的第一行为测试组数量 m，即 m 组测试用例。每个开头一行包含 3 个整数：C、T 和 n（$0 \leqslant n \leqslant 10000$）。接下来的 n 行给出了 n 个蚂蚁的位置（从杆的左端测量，单位为 cm）和它们面对的方向（L 或 R）。

【Output】

对于每个测试用例，输出一行包含“case # x:”的行，然后用 n 行描述 n 个蚂蚁的位置和方向，它们的格式和顺序与输入的格式和顺序相同。如果两个或两个以上的蚂蚁都在同一个位置，那就把它们的方向改为 Turning，而不是 L 或 R。如果一只蚂蚁在 T s 之前从木棍上掉下来，则它就会 Fell off。

【Sample Input】

2

10 1 4

1 R

5 R

3 L

10 R

10 2 3

4 R

5 L

8 R

【Sample Output】

Case #1:

2 Turning

6 R

2 Turning

Fell off

Case #2:

3 L

6 R

10 R

6.3.7　串联数字

（*题目来源*：JLOJ2467）

【Description】

假设：

S1 = 1;

S2 = 12;

S3 = 123;

S4 = 1234;

…

S9 = 123456789;

S10 = 1234567891;

S11 = 12345678912;

…

S18 = 123456789123456789;

…

把所有的串连接起来

S = 1121231234…123456789123456789112345678912…

问 S 串中的第 N 个数字是多少？

【Input】

输入一个数字 K，代表有 K 次询问。

接下来的 K 行每行有一个整数 N（$1 \leqslant N < 2^{31}$）。

【Output】

对于每个 N，输出 S 中第 N 个位置对应的数字。

【Sample Input】

6
1
2
3
4
5
10

【Sample Output】

1
1
2
1
2
4

6.3.8 多连块覆盖问题

（题目来源：JLOJ2468）

【Description】

多连块是指由多个等大正方形边与边连接而成的平面连通图形。

给定一个大多连块和一个小多连块，判断大多连块是否可以由两个这样的小多连块拼成。小多连块只能平移，不能旋转或者翻转。两个小多连块不得重叠。图 6-1 中，左图是一个合法的拼法，右边两幅图都非法。中间那幅图的问题在于其中一个小多连块旋转了，而右图更离谱：拼在一起的两个多连块根本就不是给定的小多连块（给定的小多连块画在右下方）。

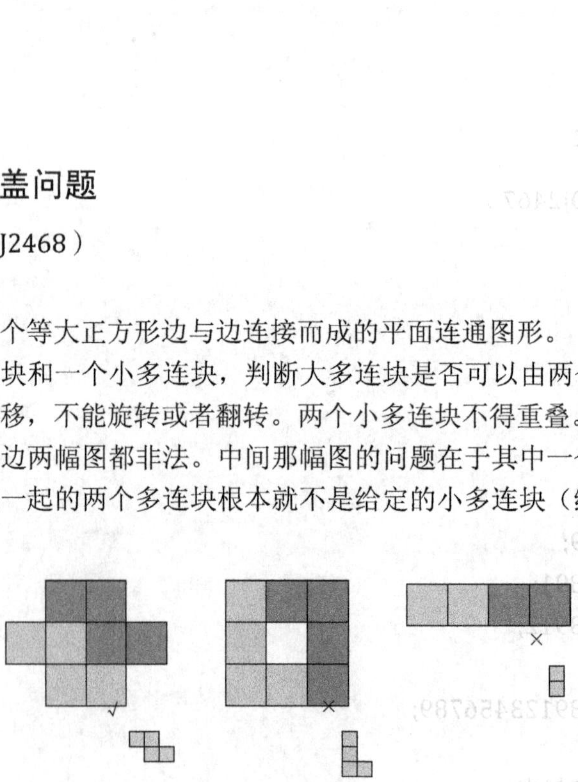

图 6-1 多连块

【Input】

输入最多包含 20 组测试数据。每组数据第一行为两个整数 n 和 m（$1 \leqslant m \leqslant n \leqslant 10$）。以下 n 行描述大多连块，每行恰好包含 n 个字符“*”或者“.”，其中“*”表示属于多连块，“.”表示不属于多连块。以下 m 行为小多连块，格式同大多连块。输入时保证是合法的多连块（注意，多连块至少包含一个正方形）。输入结束标志为 $n=m=0$。

【Output】

对于每组测试数据，如果可以拼成多连块，则输出 1，否则输出 0。

【Sample Input】

```
4 3
.**.
****
.**.
....
**.
.**
...
3 3
***
*.*
***
*..
*..
**.
4 2
****
....
....
....
*.
*.
0 0
```

【Sample Output】

```
1
0
0
```

6.3.9　括号表达式

（*题目来源*：JLOJ2469；POJ1068）

【Description】

一个括号表达式可以按照如下规则表示：用每个右括号之前的左括号个数来描述。

如(((()()()))), 每个右括号之前的左括号数序列为 p=4 5 6 6 6 6，而每个右括号所在的括号内包含的括号数为 w=1 1 1 4 5 6。

给定 p，输出 w。

【Input】

输入的第一行包含一个整数 t（$1 \leqslant t \leqslant 10$），表示测试用例的数量，然后是每个测试用例的输入数据。每个测试用例的第一行是一个整数 n（$1 \leqslant n \leqslant 20$），第二行是一个格式良好的字符串的 p 序列。它包含 n 个正整数，用空格隔开，表示 p 序列。

【Output】

输出文件由对应于测试用例的 t 行组成。对于每个测试用例，输出行应该包含 n 个整数，描述对应于给定 p 序列的字符串的 w 序列。

【Sample Input】

```
2
6
4 5 6 6 6 6
9
4 6 6 6 6 8 9 9 9
```

【Sample Output】

```
1 1 1 4 5 6
1 1 2 4 5 1 1 3 9
```

6.3.10 假币问题

（*题目来源*：JLOJ2470）

【Description】

“金条”银行收到来自可靠消息来源的信息，在他们的最后一组 N 枚硬币中有一枚硬币是假的，质量与其他硬币的质量不同（其他硬币的质量相同）。在经济危机之后，他们只有一个简单的天平。使用这种天平可以确定在左边的盘子里物体的质量是否小于、大于或等于右边的物体的质量。

为了检测假币，银行职员将所有硬币从 1 到 N 进行编号，从而为每个硬币分配一个唯一的整数标识符。之后，他们开始把等量的硬币放在天平左边的托盘和天平右边的托盘里，分次给不同的硬币数量，并对硬币的标识和权重的结果进行记录。

编写一个程序，帮助银行职员使用这些权重的结果确定假币的标识符。

【Input】

输入文件的第一行包含两个整数 N 和 K，由空格隔开，其中 N 是硬币的个数（$2 \leqslant N \leqslant 1000$），$K$ 是满足的权重数（$1 \leqslant K \leqslant 100$）。下面的 $2K$ 行描述了所有的权重。两个连续的行描述了每个权重。其中第一个以数字 Pi($1 \leqslant Pi \leqslant N/2$)开头，表示放置在左边和右边托盘的硬币中硬币的数量，其次是放置在左边托盘的硬币上的硬币的标识符，以及放置在右边托盘里的硬币的 Pi 标识。所有的数都用空格隔开。第二行包含以下字符中的一个：“<”“>”或“=”。它表示权重的结果：

“<”是指左边的硬币质量小于右边的硬币质量。

“>”表示在左边的托盘里，硬币的质量比右边托盘里的硬币的质量大。

“=”表示左边托盘里硬币的质量等于右边托盘里硬币的质量。

【Output】

如果在给定权重的结果中找不到假币，则输出 0。

【Sample Input】

5 3
2 1 2 3 4
<
1 1 4
=
1 2 5
=

【Sample Output】

3

6.3.11 会议安排

（**题目来源**：JLOJ2471；POJ2028）

【Description】

ICPC 委员会要安排一个会议，但是成员们都太忙了，所以没时间安排，编写程序找一个最合适的日子让更多的人来参加这个会议。

一共有 N 个人，至少要 Q 个人参加，第 i 个人有 mi 天是有空的，分别是 date1，date2，…，date$m$，表示明天开始的第 datei 天，如 date1 为 1，表示明天有空，date2 为 2，表示后天有空……要输出最合适的那天，要求是参加那天会议的人尽可能多，如果人数相同，则安排会议日期尽可能靠前。

【Input】

输入有多个数据集，每个数据集以包含委员会成员数量和会议法定人数的一行开始。

N Q

这里，N 表示委员会的大小，Q 表示法定人数，是正整数。N 小于 50，当然，Q 小于等于 N。

下面是 N 行，每行都描述了一个委员会成员的方便日期。

M Date1 Date2…Date$M$

这里，M 表示成员的方便日期的数量，它是大于或等于 0 的整数，其余的项是他/她的方便日期，这是小于 100 的正整数。也就是说，1 表示明天，2 表示后天，等等。它们是升序的，没有任何重复，并且被一个空格字符隔开。没有前导或尾随空格。包含两个零的行表示输入结束。

【Output】

对于每个数据集，打印一行包含日期号的单行，以方便最大数量的委员会成员。如果有不止一个这样的日期，打印最早的日期。但是，如果没有任何日期可以超过或等于成员的法定人数，则打印 0。

【Sample Input】

3 2
2 1 4
0
3 3 4 8
3 2
4 1 5 8 9
3 2 5 9
5 2 4 5 7 9
3 3
2 1 4
3 2 5 9
2 2 4
3 3
2 1 2
3 1 2 9
2 2 4
0 0

【Sample Output】

4
5
0
2

6.3.12　取火柴游戏

（*题目来源*：JLOJ2472；POJ2234）

【Description】

这是一个简单的游戏。在这个游戏中有几堆火柴和两个玩家。这两个玩家轮流上场。在每个回合中可以选择一堆火柴，并从堆里取走任意数量的火柴（当然，被取走的火柴数不能为零，也不能大于所选堆里火柴的数量）。如果在玩家转身之后没有对手，那么玩家就是胜利者。假设这两个玩家都很清楚，试判断先玩的玩家是否会赢？

【Input】

输入多行，每行都有一个测试用例。每行开始时有一个整数 M（$1 \leqslant M \leqslant 20$），即堆的数目，然后是 M 个正整数（M<10000000）。这些正整数表示每堆中火柴的数量。

【Output】

对于每个测试用例，如果先玩的玩家获胜，则输出 Yes，否则输出 No。

【Sample Input】

2 45 45

3 3 6 9

【Sample Output】

No

Yes

6.3.13 取石子游戏

（**题目来源**：JLOJ2473；POJ1067）

【Description】

有两堆石子，数量任意，可以不同。游戏开始时为两个人轮流取石子。游戏规定，每次有两种不同的取法：一是可以在任意的一堆中取走任意多的石子；二是可以在两堆中同时取走相同数量的石子。最后把石子全部取完者为胜者。现在给出初始的两堆石子的数目，如果轮到你先取，假设双方都采取最好的策略，最后你是胜者，还是败者？

【Input】

输入包含若干行，表示若干种石子的初始情况，其中每行包含两个非负整数 a 和 b，表示两堆石子的数目，a 和 b 都不大于 10^9。

【Output】

输出对应也有若干行，每行包含一个数字 1 或 0，如果最后你是胜者，则输出 1；反之，输出 0。

【Sample Input】

2 1

8 4

4 7

【Sample Output】

0

1

0

6.3.14 伪造的美元

（**题目来源**：JLOJ2474； POJ1013）

【Description】

有 12 枚硬币，其中有且仅有 1 枚假币，11 枚真币。用 A～L 作为各个硬币的代号，假币比真币可能略轻，也可能略重。现在利用天平，根据输入的 3 次称量找出假币，并输出假币是轻，还是重。

【Input】

输入的第一行是一个整数 n（$n > 0$），代表有 n 种情况。每种情况由 3 行输入组成，关于称重的信息，将由两组字母组成，然后是 up、down、even。

第一串字母代表左边的硬币；第二串字母代表右边的硬币（两边总是放同样数量的硬币），第三个单词将判断右边是否上升、下降或保持平衡。

【Output】

对于每种情况，输出将通过它的字母识别假币，并判断它是重（heavy），还是轻（light）。解决方案永远是唯一确定的。

【Sample Input】

1

ABCD EFGH even

ABCI EFJK up

ABIJ EFGH even

【Sample Output】

K is the counterfeit coin and it is light.

6.3.15 HTML 浏览器

（**题目来源**：JLOJ2475；POJ2271）

【Description】

编写一个小型的 HTML 浏览器，它只需要显示输入文件的内容，只知道 html 命令(标记)< br >，这是一个 linebreak 和< hr >，它是一个水平标尺。然后，该将所有制表符、空格和换行符视为一个空格，并在一行中显示不超过 80 个字符的结果文本。

【Input】

输入由应该显示的文本组成。该文本由一个或多个空格、制表符或换行符分隔的单词和 HTML 标记组成。

单词是字母、数字和标点符号的序列。例如，“abc,123”是一个词，但是“abc, 123”是两个单词（后边的 abc,和 123 中间有空格），即“abc”和“123”。一个单词总是少于 81 个字符，并且不包含任何“<”或“>”。所有 HTML 标签都是< br >或< hr >。

【Output】

使用以下规则显示产生的文本:

如果在输入中读了一个字，结果行的长度不会超过 80 个字符，那么就在新的一行上打印出来。

如果在输入中读取< br >，那么就开始一个新行。

如果在输入中读取< hr >，那么就开始一个新行（如果已经在一行的开头，则不需要换新行），显示 80 个“-”，之后再换一个新行。

最后一行以换行符结束。

【Sample Input】

Hallo, dies ist eine

ziemlich lange Zeile, die in Html

aber nicht umgebrochen wird.

Zwei

 produzieren zwei Newlines.
Es gibt auch noch das tag <hr> was einen Trenner darstellt.
Zwei <hr><hr> produzieren zwei Horizontal Rulers.
Achtung   mehrere Leerzeichen irritieren

Html genauso wenig wie

mehrere Leerzeilen.

【Sample Output】

Hallo, dies ist eine ziemlich lange Zeile, die in Html aber nicht umgebrochen wird.

Zwei

produzieren zwei Newlines. Es gibt auch noch das tag

----

was einen Trenner darstellt. Zwei

----

produzieren zwei Horizontal Rulers. Achtung mehrere Leerzeichen irritieren Html genauso wenig wie mehrere Leerzeilen.

6.4 小　　结

模拟题一般很难找到公式或者规律来解决，只能通过计算机来模拟整个计算过程，只要能够按照步骤一直做下去，就能找到问题的答案。模拟题需要适合的数据结构，才能使程序的效率最高，这一点需要大家在以后的做题过程中仔细体会和总结。

在比赛中，模拟题是一些相对简单的题目，主要考查对题目的理解和代码实现能力，这些题目不会涉及太难的算法，所以不需要过多的思考过程。模拟题一般都非常烦琐，所以细心和耐心是必不可少的！需要注意的细节很多，编程者要有良好的计算思维能力，有足够的耐心和毅力，有缜密的思维。

第 7 章 分 治 法

7.1 算法设计思想

分治法是被广泛使用的一种算法设计方法。字面上的解释是“分而治之”，就是把一个复杂的问题分成两个或更多个相同或相似的子问题，再把子问题分成更小的子问题，直到最后子问题可以简单地直接求解，原问题的解即子问题的解的合并。这个技巧是很多高效算法的基础，如归并排序、二叉树遍历、傅里叶变换等算法。

分治策略：对于一个规模为 n 的问题，若该问题可以很容易地得到解决（如规模 n 较小），则直接解决，否则将其分解为 k 个规模较小的子问题，这些子问题互相独立且与原问题形式相同，递归地解这些子问题，然后将各子问题的解合并，得到原问题的解。这种算法设计策略就是分治法。最常用的分治法是二分法，即每次都将问题分解为原问题规模的一半，如择半查找、快速排序等。

分治法的基本步骤如下。

（1）分解：将原问题分解为若干个规模较小、相互独立、与原问题形式相同的子问题。

（2）解决：若子问题规模较小而容易被解决，则直接解决，否则再继续分解为更小的子问题，直到容易解决为止。

（3）合并：将已求解的各个子问题的解逐步合并为原问题的解。合并的代价因情况不同有很大差异。分治法的有效性很大程度上依赖于合并的实现。

7.2 典 型 例 题

7.2.1 折半查找

（**题目来源**：JLOJ2362）

1. 问题描述

【Description】

已知一个长度为 n 的有序表 R，查找指定的关键字 key，给出查找结果。

【Input】

输入格式：

第一行包含一个整数 n（$1 \leqslant n \leqslant 1000$），表示有序表的长度。

第二行按照升序给出 n 个非负整数，为给定的有序表中的元素数列，数列中的每个数都不大于 10000。

第三行包含一个整数 key，为待查找的关键字。

【Output】

如果 key 在数列中出现了，则输出它出现的位置下标（从 1 开始编号），否则输出–1。

【Sample Input】

6

1 3 4 6 8 9

3

【Sample Output】

2

2. 问题分析

折半查找又称二分查找，是一种高效的查找方法。它可以明显减少比较次数，提高查找效率。但是，折半查找的先决条件是查找表中的数据元素必须有序。

折半查找过程是典型的分治法中的二分法。下面假设有序表存储到数组 $R[]$中，默认为升序；有序表长度为 n，则有 $R[1]\leqslant R[2]\leqslant\cdots\leqslant R[n]$。

折半查找的基本思想是：在数组 $R[1]\sim R[n]$中，首先将待查的关键字与数组中间的元素比较，如果相等，则查找成功；否则，如果关键字较小，则要查找的数据必然在数组的前半部分，此后只需在数组的前半部分继续进行折半查找；如果关键字较大，则要查找的数据必然在数组的后半部分，此后只需在数组的后半部分继续进行折半查找。

设查找区间的下界用 low 表示，上界用 high 表示，中间值用 mid 表示。初值：low=1，high=n，则有 mid=(low+high)/2。每次都将 key 与 R[mid]进行比较，成功时，返回数组下标 mid；失败时，返回–1。

3. 参考程序

```
#include "stdio.h"
int binsearch(int R[],int N,int key)    /*二分查找*/
{
    int low,high,mid;
    low=1;
    high=N;
    mid=(low+high)/2;                   /*取得中间位置*/
    while(low<high)
    {
        if(key==R[mid])
            return(mid);
        else if(key<R[mid])             /*判断数据在前半段数值中*/
                high=mid-1;
            else
                low=mid+1;
        mid=(low+high)/2;
```

```
    }
    return(-1);
}
void main()
{
    int i,n,key,index;
    int a[1001];
    scanf("%d",&n);
    for (i=1;i<=n;i++)
        scanf("%d",&a[i]);
    scanf("%d",&key);
    index=binsearch(a,n,key);
    printf("%d\n",index);
}
```

7.2.2 金块问题

（**题目来源**：JLOJ2363）

1. 问题描述

【Description】

有一个老板有一袋金块，里面有 *n* 块金子。每个月将有两名雇员会因其优异的表现分别被奖励一个金块。规定：排名第一的雇员将得到袋中最重的金块，排名第二的雇员将得到袋中最轻的金块。根据这种方式，除非有新的金块加入袋中，否则第一名雇员得到的金块总比第二名雇员得到的金块重。如果有新的金块周期性地加入袋中，则每个月都必须找出最轻和最重的金块。假设有一台能够比较重量的仪器，请用最少的比较次数找出最轻的和最重的金块。

【Input】

第 1 行只有一个整数 *n*（$2 \leqslant n \leqslant 100000$）。

第 2 行有 *n* 个整数，每个整数表示每块金子的质量。

【Output】

输出两个用空格分开的整数，表示最重的和最轻的金块的质量。

【Sample Input】

7

8 7 5 6 9 4 5

【Sample Output】

9 4

2. 问题分析

假设袋中有 *n* 个金块。如果不加思索就采取将袋内的 *n* 个金块进行排序的方法来找最重的金块和最轻的金块，就太麻烦了。其实，该问题没必要进行全部排序，只使用类似选择排序的一趟排序就可以完成了。

下面用分治法中常用的二分法解决本问题，可以减少比较的次数。

仔细想一下就会明白，该问题可以表示为：在 n 个数据中找出最大值和最小值。

具体思路：先将 n 个数据分成两组，分别在每组内找出最大值和最小值，相当于将原问题分解为两个子问题；然后，在两个子问题的解中大者取大，小者取小，即合并为原问题的解；那么，两个子问题怎样求解？当然，还是采取这个办法。直到分解每组元素的个数小于等于 2 为止，这时可以简单地找到最大值和最小值。

3. 参考程序

```
#include "stdio.h"
int w[100001];
void gold(int low, int high, int *max, int *min)
{
    int x1, x2, y1, y2;
    int mid;
    if(low==high)
        *max=*min=w[low];
    else if ((high-low)==1)                    /* 相等或相邻 */
            if (w[high] >w[low])
            {
                *max = w[high];
                *min = w[low];
            }
            else
            {
                *max = w[low];
                *min = w[high];
            }
        else
        {
            mid = (low + high)/2;
            gold( low, mid, &x1, &y1);          /*子问题递归 */
            gold( mid+1, high, &x2, &y2);       /*子问题递归 */
            *max = (x1 > x2) ? x1 : x2;
            *min = (y1 < y2) ? y1 : y2;
        }
}
int main()
{
    int m,i;
    int max,min;
    scanf("%d",&m);
    for(i=1;i<=m;i++)
        scanf("%d",&w[i]);
    gold(1,m,&max,&min);
```

```
    printf("%d %d\n",max,min);
    return 0;
}
```

7.2.3 寻找第二的问题

（题目来源：JLOJ2364）

1. 问题描述

【Description】

在许多实际问题中经常遇到寻找第二的问题。例如，找第二名、找第二大和第二小等。在已知 n 个数据中找出其中第二小的数据。

【Input】

输入第一行是一个整数 n（$2\leqslant n\leqslant 1000$），接着一行是 n 个整型范围内的整数。

【Output】

输出第二小的整数。

【Sample Input】

10

45 785 15 65 439 62 168 6 521 36

【Sample Output】

15

2. 问题分析

根据上述问题的描述，利用数组 a[]存储已知数据，定义两个变量 min1 和 min2，分别用来存储数组中的最小值和第二小值，再对已知数据进行一趟比较，便可以从中选取出第二小的数据，输出即可。此算法的时间复杂度为 $O(n)$。

用二分法解决本问题的一般思想：将数组平均分为两个子集，如果只选取第二小数据或是只选取最小的数据，合并处理后都有可能得不到原问题的解。但是，若在两个子集中都选取最小的两个数据，那么原问题中第二小的数据则一定在这 4 个数中。这样就将问题转化为“求一组数中较小的两个数”，二分法分解后就可将原问题分解为“与原问题独立且相似的两个子问题”。将两个子问题的解合并，从而得到原问题的解，即可求出一组数中第二小的数据。

3. 参考程序

```
#include "stdio.h"
void second(int a[],int l,int r,int *f,int *s)
{
    int x1,x2,y1,y2;
    int mid,tmp;
    if(l == r)
        *f = *s = a[l];
```

```
    else if(r - l == 1)
    {
        if(a[r] < a[l])
        {
            *f = a[r];
            *s = a[l];
        }
        else
        {
            *f = a[l];
            *s = a[r];
        }
    }
    else
    {
        mid = (l + r)/2;
        second2(l,mid,&x1,&y1);
        second2(mid+1,r,&x2,&y2);
        if(mid+1 == r)
        {
                /*当左右枝递归剩余数的数量为 2+1 的时候，此时 x2 等于 y2,相当于从 3 个数
中取出两个最小的数，解决了当最小的数出现在右枝，x2 等于 y2 导致 f,s 均取最小的数作为第
一小和第二小的数的情况 */
            *f = x1;            /*令第一小的数 f 为 x1 */
            *s = y1;            /*令第二小的数 s 为 y1 */
            if(*f>x2)           /* 如果第三个数比 f 更小(x2 == y2) */
            {
                *s = *f;        /* f 的值作为第二小的数 */
                *f = x2;        /* x2 的值作为第一小的数 */
            }
            else if(*s>x2)      /* 如果第三个数比 s 更小(x2 == y2) */
                *s = x2;        /* x2 的值作为第二小的数 */
        }
        else
        {
            *f = x1<x2?x1:x2;
            tmp = x1>x2?x1:x2;
            *s = y1<y2?y1:y2;
            if(tmp < *s)
                *s = tmp;
        }
    }
}
int main()
{
```

```
    int n,i,x[1001];
    int f,s; /* f表示第一小的数，s表示第二小的数 */
    scanf("%d",&n);
    for(i=0;i<n;i++)
        scanf("%d",&x[i]);
    second(x,0,n,&s,&f);
    printf("%d\n",s);
}
```

7.2.4 归并排序

（**题目来源**：JLOJ2365）

1. 问题描述

【Description】

利用归并技术将一组数据升序排列。

【Input】

输入第一行是一个整数 n（$0<n<1000$），接着一行是 n 个整型范围内的整数。

【Output】

将数组按升序输出，每个数字后面有一个空格。

【Sample Input】

8

8 6 5 9 7 1 3 4

【Sample Output】

1 3 4 5 6 7 8 9

2. 问题分析

归并是指将两个（或两个以上）有序表合并成一个有序表，即把待排序序列分为若干个子序列，每个子序列是有序的，然后再把有序子序列合并为整体有序序列。

归并排序的过程如下：

第一步：申请空间，使其大小为两个已经排序序列之和，该空间用来存放合并后的序列。

第二步：设定两个指针，最初位置分别为两个有序序列的起始位置。

第三步：比较两个指针指向的元素，将相对小的元素放入合并空间，并移动指针到下一位置。

重复步骤三，直到某一指针到达序列尾部，将另一序列剩下的所有元素直接复制到合并空间。

归并排序是采用分治法的一个非常典型的应用，即先使每个子序列有序，再将有序的子序列合并，得到更长的有序序列，直至全部数据有序为止。

将两个有序表合并成一个有序表，称为二路归并。

上面算法可以简化，不用定义指针变量，不需要申请空间，同时也就不需要判断申请空间是否失败。可直接定义数组来存储数据，进行运算。

3. 参考程序

```
#include "stdio.h"
#define MAX 100
int is1[MAX],is2[MAX];                    /* 原数组 is1，临时空间数组 is2 */
void merge(int low,int mid,int high)
{
    int i=low,j=mid+1,k=low;
    while(i<=mid&&j<=high)
        if(is1[i]<=is1[j])                /* 此处为稳定排序的关键，不能用小于 */
            is2[k++]=is1[i++];
        else
            is2[k++]=is1[j++];
    while(i<=mid)
        is2[k++]=is1[i++];
    while(j<=high)
        is2[k++]=is1[j++];
    for(i=low; i<=high; i++)              /* 写回原数组 */
        is1[i]=is2[i];
}
void mergeSort(int a,int b)               /*合并排序算法*/
{
    if(a<b)
    {
        int mid=(a+b)/2;
        mergeSort(a,mid);
        mergeSort(mid+1,b);
        merge(a,mid,b);
    }
}
int main()
{
    int i,n;
    scanf("%d",&n);
    for(i=1; i<=n; i++)
        scanf("%d",&is1[i]);
    mergeSort(1,n);
    for(i=1; i<=n; i++)
        printf("%d ",is1[i]);
    printf("\n");
}
```

7.2.5 大整数乘法

（题目来源：JLOJ2366）

1. 问题描述

【Description】

在某些情况下需要处理很大的整数，而计算机硬件直接表示数的范围是有限的。若要精确地表示大整数，并在计算结果中得到所有位数上的数字，就必须用软件的方法来实现大整数的算术运算。请设计一个有效的算法，可以进行两个大整数的乘法运算。

【Input】

输入为两行，分别为正整数 A 和 B，位数不超过 1000。

【Output】

输出 $A \times B$ 的结果。

【Sample Input】

9876543210

2

【Sample Output】

19753086420

2. 问题分析

首先将两个大整数保存到两个字符串中，然后模拟竖式乘法，分别取字符串的每位相乘，并逐步累加，注意进位。利用双循环控制过程，便可得到计算结果。

3. 参考程序

```
#include "stdio.h"
#include "string.h"
int multi(char s1[],char s2[],int a[])
{
    long b,d;
    int i,i1,i2,j,k,n,n1,n2;
    for(i=0;i<255;i++)
       a[i]=0;
    n1=strlen(s1);
    n2=strlen(s2);
    d=0;
    for(i1=0,k=n1-1;i1<n1;i1++,k--)
    {
       for(i2=0,j=n2-1;i2<n2;i2++,j--)
       {
          i=i1+i2;
          b=a[i]+(s1[k]-48)*(s2[j]-48)+d;
          a[i]=b%10;
```

```
            d=b/10;
         }
         while(d>0){
            i++;
            a[i]+=d%10;
            d/=10;
         }
         n=i;
      }
      return(n);
   }
   int main()
   {
      int i,m,x[1001];
      char s1[1001],s2[1001];
      gets(s1);
      gets(s2);
      m=multi(s1,s2,x);
         for(i=m;i>=0;i--)
        printf("%d",x[i]);
      printf("\n");
      return 0;
   }
```

7.2.6 二叉树遍历

（**题目来源**：JLOJ2367）

1. 问题描述

【Description】

建立一棵二叉树，并给出 3 种遍历序列。

【Input】

按全二叉树先序遍历的顺序依次输入结点序列。全二叉树是指给定二叉树中的每个结点都有两个孩子，即度为 2。扩展过程中加入的虚结点在输入时用字符“@”表示。例如，图 7-1 输入的结点序列为：AB@DF@@@CE@@@。

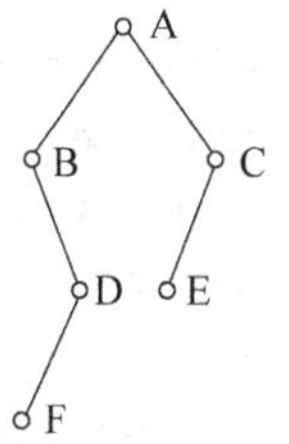

图 7-1 一棵二叉树

【Output】

分别按照先根（先序）遍历 DLR、中根（中序）遍历 LDR 和后根（后序）遍历 LRD 输出。

【Sample Input】

AB@DF@@@CE@@@

【Sample Output】

ABDFCE

BFDAEC
FDBECA

2. 问题分析

由数据结构关于二叉树的知识，我们知道二叉树常用两种存储结构：顺序存储和链式存储。下面采用链式存储，即创建以二叉链表表示的二叉树，按完全二叉树的层次顺序依次输入结点信息，用非递归的方法建立二叉链表。

在创建二叉链表的过程中，必须添加若干个虚结点，使其成为完全二叉树。例如，已知一棵二叉树 *T*，如图 7-1 所示，按完全二叉树形式输入的结点序列为 ABC@DE@@@F#，其中字符“@”代表虚结点，字符“#”是输入结束标志。

所谓遍历（Traversal），是指沿着某条搜索路线依次对二叉树中的每个结点均做一次且仅做一次访问。访问结点所做的操作依赖于具体的应用问题。遍历是二叉树上最重要的运算之一，是二叉树上进行其他运算的基础。

二叉树的 3 种遍历方法，分别是：先根遍历、中根遍历和后根遍历。具体实现的递归算法分别是：

先根（先序）遍历 DLR：先访问根，再访问左子树，最后访问右子树。

中根（中序）遍历 LDR：先访问左子树，再访问根，最后访问右子树。

后根（后序）遍历 LRD：先访问左子树，再访问右子树，最后访问根。

因为二叉树的定义是递归的，所以用递归的方式建立二叉链表，算法更简单。

在以递归的方式创建二叉链表的过程中，同样需要添加若干个虚结点，使其扩展成为全二叉树。这里，全二叉树是指给定二叉树中的每个结点都有两个孩子，即度为 2。扩展过程中加入的虚结点在输入时用字符“@”表示。例如，图 7-1 给出的二叉树，按全二叉树先序遍历的顺序依次输入结点序列，输入的结点序列为：AB@DF@@@CE@@@#。

3. 参考程序

```
#include <stdio.h>
#include <stdlib.h>
#define max 100
typedef char datatype;
typedef struct node
{
    datatype data;
    struct node *lchild,*rchild;
} bitree;
bitree *creat_tree()              /* 用递归方法创建二叉树 */
{
    bitree *t;
    char  ch;
    scanf("%c",&ch);
    if(ch=='@')
        t=NULL;
```

```
    else
    {
        t=(struct node *)malloc(sizeof(bitree));
        t->data=ch;
        t->lchild=creat_tree();
        t->rchild=creat_tree();
    }
    return(t);
}
void preorder(bitree *t)
{
    if(t)
    {
        printf("%c",t->data);
        preorder(t->lchild);
        preorder(t->rchild);
    }
}
void inorder(bitree *t)
{
    if(t)
    {
        inorder(t->lchild);
        printf("%c",t->data);
        inorder(t->rchild);
    }
}
void postorder(bitree *t)
{
    if(t)
    {
        postorder(t->lchild);
        postorder(t->rchild);
        printf("%c",t->data);
    }
}
int main()
{
    bitree *tree;
    tree=creat_tree();
    preorder(tree);
    printf("\n");
    inorder(tree);
    printf("\n");
    postorder(tree);
```

```
    printf("\n");
}
```

7.3 实战训练

7.3.1 数组二分求和

（题目来源：JLOJ2476）

【Description】

给出一个具有 n 个元素的整型数组，用分治中的二分方法求和。

【Input】

首先输入 n，表示数组中有 n 个元素，接下来输入 n 个整型值。

【Output】

数组元素之和。

【Sample Input】

5

2 3 6 1 4

【Sample Output】

16

7.3.2 子序列最大值

（题目来源：JLOJ2477）

【Description】

输入一组整数，求这组数字连续子序列和中的最大值。

【Input】

首先输入 n，表示序列的长度，

然后输入 n 个整数，表示该序列。

【Output】

输出最大子序列的和。

【Sample Input】

6

–2 11 –4 13 –5 –2

【Sample Output】

20

7.3.3 棋盘覆盖

（题目来源：JLOJ2478）

【Description】

在一个 $2^k \times 2^k$ 个方格组成的棋盘中，若有一个方格与其他方格不同，则称该方格为一特殊方格，且称该棋盘为一特殊棋盘。显然，特殊方格在棋盘上出现的位置有 $4k$ 种情形，因而对任何 $k \geqslant 0$，都有 4^k 种不同的特殊棋盘。

图 7-2 中的特殊棋盘是当 k=3 时，特殊棋盘中的一个。

题目要求：在棋盘覆盖问题中，要用图 7-3 所示的 4 种不同形态的 L 形骨牌覆盖一个给定的特殊棋盘上除特殊方格以外的所有方格，且任何 2 个 L 形骨牌不得重叠覆盖。

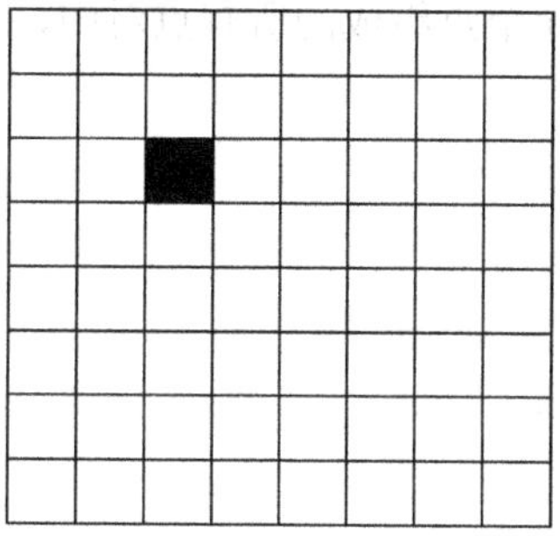

图 7-2 棋盘

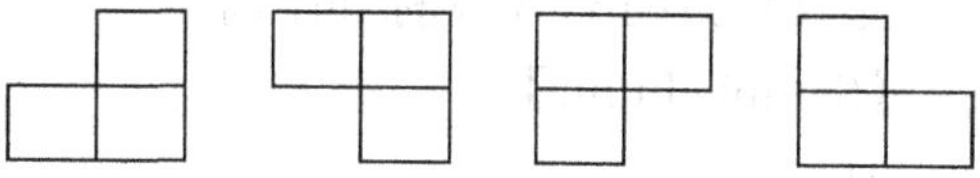

图 7-3 4 种不同形态的 L 形骨牌

【Input】

输入包含测试数据组数 N。下面输入 N 组数据，每组数据包括边长 m（2^k）和特殊方格的位置（x，y）。

【Output】

输出方格的覆盖方式，每个数字后有一个空格（每行结尾无空格），每个解前加 CASE:i。

【Sample Input】

```
2
2
0 0
8
2 2
```

【Sample Output】

```
CASE:1
0 1
1 1
CASE:2
 3  3  4  4  8  8  9  9
 3  2  2  4  8  7  7  9
 5  2  0  6 10 10  7 11
 5  5  6  6  1 10 11 11
13 13 14  1  1 18 19 19
13 12 14 14 18 18 17 19
15 12 12 16 20 17 17 21
```

15 15 16 16 20 20 21 21

7.3.4 最接近点对问题

（题目来源：JLOJ2479）

【Description】

给定平面上 n 个点，找出其中的一对点，使得在 n 个点组成的所有点对中，该点对的距离最小。严格地说，最接近点对可能多于一对。

【Input】

输入点数 n 及 n 行点的 x、y 坐标。

【Output】

最接近点的 x、y 坐标和距离。

【Sample Input】

```
10
43 67
99 35
81 36
64 78
45 65
71 94
24 61
21 34
5 29
31 51
```

【Sample Output】

```
The closest distance is 2.82843
<43, 67>
<45, 65>
```

7.3.5 第 k 小元素问题

（题目来源：JLOJ2480）

【Description】

求 n 个元素中的第 k 小元素。

【Input】

首先输入两个数 n 和 k;

然后输入 n 个元素。

【Output】

输出 n 个元素中第 k 小的元素。

【Sample Input】

5 3

1 2 3 4 5

【Sample Output】

3

7.3.6 循环赛日程表问题

（题目来源：JLOJ2481）

【Description】

设有 N 个选手进行循环比赛，其中 $N=2^M$，要求每名选手要与其他 $N-1$ 名选手都赛一次，每名选手每天比赛一次，循环赛共进行 $N-1$ 天，要求每天没有选手轮空。

【Input】

输入 M。

【Output】

输出比赛安排表。

【Sample Input】

3

【Sample Output】

1 2 3 4 5 6 7 8

2 1 4 3 6 5 8 7

3 4 1 2 7 8 5 6

4 3 2 1 8 7 6 5

5 6 7 8 1 2 3 4

6 5 8 7 2 1 4 3

7 8 5 6 3 4 1 2

8 7 6 5 4 3 2 1

7.3.7 找假币问题

（题目来源：JLOJ2482）

【Description】

有一个假币混在真币中，假币的质量比真币轻一些，请找出假币的位置。

【Input】

首先输入 n，表示有 n 个金币，接下来输入 n 个元素，表示每个金币的质量。

【Output】

输出假币的位置。

【Sample Input】

5

1 1 1 0 1

【Sample Output】

4

7.3.8 *n* 阶分形

（题目来源：JLOJ2483）

【Description】

分形用来表示一个物体的结构变化，在某种技术意义上，在所有尺度上显示自相似性。在所有尺度上，物体都不需要完全相同的结构，但是同样的“类型”结构必须出现在所有的尺度上。一个方框分形定义如下：

1 阶分形

```
X
```

2 阶分形

```
X X
 X
X X
```

如果用 $B(n-1)$表示 $n-1$ 度的分形，则递归地定义了 n 阶分形。

【Input】

输入一个正整数 n。

【Output】

输出 n 阶分形。

【Sample Input】

2

【Sample Output】

```
X X
 X
X X
```

7.3.9 *m* 叉树问题

（题目来源：JLOJ2484）

【Description】

假设 m 叉树是有序树，已知 m 叉树（$1\leqslant m\leqslant 20$）的前序和后序遍历序列，试问可以构造出多少棵满足条件的 m 叉树？假设数据不会超出 int 范围。

【Input】

输入一个正整数 m（$1\leqslant m\leqslant 20$）和 m 叉树的前序遍历序列和后序遍历序列，输入 0 为结束。

【Output】

输出最多可以构造多少棵满足条件的 m 叉树。

【Sample Input】

2 abc cba

2 abc bca

10 abc bca

13 abejkcfghid jkebfghicda

0

【Sample Output】

4

1

45

207352860

7.3.10 电话查重

(题目来源：JLOJ2485)

【Description】

每个企业都想拥有令人难忘的电话号码。要想使一个电话号码让人容易记住，方法之一是号码里面有一个难忘的单词或词组拼写。例如，可以拨打 TUT–GLOP 联系沃特卢大学。有时电话号码只有一部分是单词拼写。例如，可以通过拨打 310–GINO 吉诺订购比萨饼。另一种方法是：设计的电话号码是一个难忘的方式分组数字。例如，可以通过拨打必胜客"3 个 10"的号码 3–10–10–10 来订购比萨。一个电话号码的标准形式是 7 个十进制数字，用连字符连接第三位和第四位数字（如 888–1200）。一个电话的小键盘提供字母数字的映射，如下所示：

A、B 和 C 映射到 2；D、E 和 F 映射到 3；G、H 和 I 映射到 4；J、K 和 L 映射到 5；M、N 和 O 映射到 6；P、R 和 S 映射到 7；T、U 和 V 映射到 8；W、X 和 Y 映射到 9。

没有包括字母 Q 和 Z 的映射，连字符不能拨号，可以根据需要添加和删除。TUT–GLOP 的标准形式是 888–4567，310–GINO 的标准形式是 310–4466，3–10–10–10 的标准形式是 310–1010。如果两个电话号码具有相同的标准形式（即他们拨打同一个号码），则这两个电话号码是等价的。你的公司正在编制当地企业的电话号码目录，作为质量控制过程的一部分，你要检查，是否两个（或两个以上）的企业目录中的有相同的电话号码。

【Input】

输入的第一行指定目录中的电话号码的数目(最多 10 万)作为单独行上的一个正整数。其余各行列出在目录中的电话号码，每个电话号码都是由十进制数字、大写字母（不包括 Q 和 Z）和连字符组成的字符串，字符串中的有效字符数为 7 个。

【Output】

输出为每个电话号码，可以任何形式多次出现。该行应得到标准形式的电话号码，后跟一个空格，接着是该电话号码出现在目录中的次数。电话号码按字典顺序升序排列输出。

【Sample Input】

12
4873279
ITS– EASY
888–4567
3–10–10–10
888 – GLOP
TUT– GLOP
967–11–11
310 – GINO
F101010
888–1200
–4–8–7–3–2–7-9 –
487–3279

【Sample Output】

310–1010 2
487–3279 4
888–4567 3

7.3.11 树的有效点对

（题目来源：JLOJ2486）

【Description】

给出一棵有 n 个顶点的树，每条边都有一个长度（正整数小于 1001）。定义 dist(u, v) 是结点 u 和 v 之间的最小距离。给出一个整数 k，对于每对（u, v）顶点，当且仅当 dist(u, v) 不超过 k 时，称为有效。编写一个程序，计算对给定树有效的点有多少对？

【Input】

首先输入两个数 n 和 k，

接下来 n–1 行输入 u、v 和权值 w，这意味着结点 u 和 v 之间有一条边，权值为 w。

最后一个测试用例后面是两个零。

【Output】

输出满足条件的有效点对的数量。

【Sample Input】

5 4
1 2 3
1 3 1
1 4 2
3 5 1
0 0

【Sample Output】

8

7.3.12　回文串交换

（*题目来源*：JLOJ2487）

【Description】

求通过交换相邻字符使某字符串成为回文的最小步数。

一个回文字符串被定义为自己本身的反转。

给定一个字符串，其不一定是一个回文，计算最少的 swap（交换次数），使这个字符串成为回文。swap 操作定义为交换两个相邻字符。例如，字符串“mamad”可以使用 3 次 swaps 转换成回文字符串“madam”。

swap "ad" 后的结果为“mamda”；

swap "md" 后的结果为“madma”；

swap "ma" 后的结果为“madam”。

【Input】

输入第一行为一个整数 n，表示接下来的数据组数；

每组字符串由长度不超过 100 的小写字母构成。

【Output】

输出最少的交换次数；

如果没办法转换成回文字串，则输出"Impossible"。

【Sample Input】

2

mamad

mamad

【Sample Output】

3

3

7.3.13　史密斯数

（*题目来源*：JLOJ2488）

【Description】

给出一个数 n，求大于 n 的最小数，它满足各位数相加等于该数分解质因数的各位数相加。

【Input】

每行输入一个正整数 n；

当 n=0 时输入结束。

【Output】

输出满足条件的最小数。

【Sample Input】

4937774

1

0

【Sample Output】

4937775

4

7.3.14 矩阵乘积

（题目来源：JLOJ2489）

【Description】

已知两个矩阵，求这两个矩阵的乘积。

【Input】

首先，输入 n，表示 n 组数据；

其次，输入 row、col，表示第一个矩阵的行数（第二个矩阵的列数）和第一个矩阵的列数（第二个矩阵的行数）；

最后，row 行 col 列输入第一个矩阵，col 行 row 列输入第二个矩阵。

【Output】

输出两个矩阵的乘积。

【Sample Input】

```
1
2 3
2 2 2
2 2 2
3 3
3 3
3 3
```

【Sample Output】

```
18 18
18 18
```

7.3.15 士兵排队问题

（题目来源：JLOJ2490）

【Description】

在一个划分成网格的操场上，N 名士兵散乱地站在网格点上。假设网格点用整数坐标对(x, y)表示。士兵可以沿着网格移动，每次向上、向下、向左或向右移动一个单位（即可以改变他的 x 或 y 坐标增加 1 或减小 1），称为移动一步。但在同一时刻一个网格上只能有一名士兵。按照指挥官的命令，士兵们要整齐地排列成一个水平队列，即士兵们所在网格的坐标位置是：(x, y)，$(x+1, y)$，…，$(x+n-1, y)$。怎样才能使士兵们以最少的移动步数排成一队？求士兵们排成一队需要的最少移动步数。

【Input】

输入的第一行为整数 N（$1 \leqslant N \leqslant 10000$），表示士兵数量。

以下 N 行输入士兵初始所在位置的坐标，即整数对 x 和 y，$-10000 \leqslant x \leqslant 10000$，$-10000 \leqslant y \leqslant 10000$。

【Output】

输出可以将士兵们排成一队需要的最少移动步数。

【Sample Input】

```
5
1 2
2 2
1 3
3 -2
3 3
```

【Sample Output】

```
8
```

7.4　小　　结

使用分治法求解的一般是比较复杂的问题，这类问题可以被分解成比较容易解决的、多个独立的子问题，解决这些子问题以后，再将这些子问题的解“合成”就得到了较大子问题的解，最终合成为最初那个复杂问题的解。特别要注意：分治时的边界要清晰，防止重叠或遗漏。由于分治法经常与递归法结合使用，所以最终解决问题的算法可能按递归方法来设计，但是要贯穿分治的思想。有些问题不容易找出“分治”的求解方法或者是分治方法不适用，那么就有可能找不到问题的最优解。

第 8 章 贪 心 法

8.1 算法设计思想

贪心法（又称贪婪法或登山法）的基本思想是逐步到达山顶，即逐步获得最优解。贪心算法在求解最优化问题时，从初始阶段开始，每个阶段总是做一个使局部最优的贪心选择，不断将问题转化为规模更小的子问题。也就是说，贪心算法并不从整体最优考虑，它做出的选择只是在某种意义上的局部最优选择。这样处理对大多数优化问题来说能得到最优解。例如，为了使生产某一产品的时间最少，一种贪心的策略是在该产品的每道工序上都选择最省时的方法。贪心法有广泛的应用，如哈夫曼（Huffman）树、单源最短路径（Dijkstra）、构造最小生成树的 Prim 算法和 Kruskal 算法等。

能够使用贪心法解决的问题一般具有两个重要性质：

1）最优子结构性质

当一个问题的最优解包含其子问题的最优解时，称此问题具有最优子结构性质，也称此问题满足最优性原理。这是某问题可以用贪心法求解的关键特性。

在分析问题是否具有最优子结构性质时，通常先假设由问题的最优解导出的子问题的解不是最优的，然后证明在这个假设下可以构造出比原问题的最优解更好的解，从而导致矛盾。

2）贪心选择性质

所谓贪心选择性质，是指问题的整体最优解可以通过一系列局部最优的选择，即贪心选择来得到。对于一个具体问题，要确定它是否具有贪心选择性质，必须证明每步所做的贪心选择最终导致问题的整体最优解。

贪心法求解问题的一般过程：

（1）候选集合 C：为了构造问题的解决方案，有一个候选集合 C 作为问题的可能解，即问题的最终解均取自于 C。

（2）解集合 S：初始为空，随着贪心选择的进行，解集合 S 不断扩展，直到构成一个满足问题的完整解。

（3）解决函数 solution：检查解集合 S 是否构成问题的完整解。

（4）选择函数 select：即贪心策略，这是贪心法的关键，它指出哪个候选对象最有希望构成问题的解，选择函数通常和目标函数有关。

（5）可行函数 feasible：检查解集合中加入一个候选对象是否可行，即解集合扩展后是否满足约束条件。

贪心法求解问题的算法：

```
Greedy(C)                          /*C 为候选集合*/
{
    S={};                          /*解集合 S 初始为空*/
    While(!solution(S))            /*解集合 S 没有构成问题的一个解*/
    {
        x=select(C));              /*在候选集合 C 中做贪心选择*/
        if(feasible(S,x))          /*判断解集合 S 中加入 x 后的解是否可行*/
            S=S+{x};               /*将 x 合并到解集合 S 中*/
        C=C-{x};
    }
    return S;
}
```

8.2　典 型 例 题

8.2.1　找零钱问题

（*题目来源*：JLOJ2368）

1. 问题描述

【Description】

某单位给职工发工资（精确到元），为了保证不临时兑换零钱，且取款的张数最少，取工资前要统计出所有职工的工资所需各种币值（100、50、20、10、5、1 元共 6 种）的张数。请编程完成。

【Input】

输入一个正整数（整型范围内），表示总工资数。

【Output】

按顺序输出各币值对应的张数，用空格隔开。

【Sample Input】

123

【Sample Output】

1　0　1　0　0　3

2. 问题分析

（1）从键盘中输入每个人的工资。

（2）对每个人的工资用“贪婪”的思想先尽量多地取大面额的币种，从大面额到小面额币种逐个统计。

（3）利用数组应用技巧将 7 种币值存储在数组 B 中。这样，7 种币值就可表示为 $B[i]$，i=1，2，3，4，5，6，7。为了能实现贪婪策略，7 种币应该从大面额的币种到小面额的币种依次存储。

（4）利用数组技巧设置一个有 7 个元素的累加器数组 S。

上述程序用一个数组 B[]来存储 7 种不同面额的币值，输入一个员工工资进行取币时，程序要进行 7 次循环，从面值大的到面值小的进行“贪婪”求解。而在如下程序中，我们舍弃存储 7 种不同面额的币值的数组，直接改用数值（100，50，20，10，5，2，1）代替，当输入一个员工工资时，就可以在一次循环中完成取币。

3. 参考程序

```
#include <stdio.h>
int main()
{
    int i,x,sum[6]= {0};
    scanf("%d",&x);
    sum[0] += x / 100;
    x %= 100;
    sum[1] += x / 50;
    x %= 50;
    sum[2] += x / 20;
    x %= 20;
    sum[3] += x / 10;
    x %= 10;
    sum[4] += x / 5;
    x %= 5;
    sum[5] += x;
    for(i=0; i<6; i++)printf("%d ",sum[i]);
    printf("\n");
    return 0;
}
```

【提示】 以上问题的背景是在中国，即使题目中不提示，我们也知道有哪些币种，且这样的币种正好适合使用贪婪算法(感兴趣的读者可以证明这个结论)。假若某国的币种共 9 种：100、70、50、20、10、7、5、2、1。在这种情况下用贪婪算法就得不到最优解。例如，某个人的工资是 140 元，按贪婪算法 140=100×(1 张)+20×(2 张)，共需要 3 张币，而事实上，取 2 张 70 面额的币是最佳结果，这类问题可以考虑用动态规划算法来解决。

由此，在用贪婪算法策略时，最好能用数学方法证明每步的策略选择能保证得到最优解。

8.2.2 最优装载

（*题目来源*：JLOJ2369）

1. 问题描述

【Description】

有一批集装箱要装上一艘载量为 c（$0<c<10^9$）的货轮，其中集装箱的质量为 ω_i（$0<\omega_i$

$<10^6$)，要求在装载体积不受限制的情况下，将尽可能多的集装箱装到货轮上。

【Input】

第一行 n（$0<n<1000$)，代表集装箱个数;

第二行 c，代表最大的装载质量;

第三行有 n 个实数，代表每个集装箱的质量。

【Output】

输出装入的集装箱质量，从小到大排列，中间用空格隔开。

【Sample Input】

5

100

34 13 43 12 32

【Sample Output】

12 13 32 34

2. 问题分析

为了使货轮装更多的集装箱，可以从 i 个集装箱中选取最轻的一个装上货轮，如此往复“贪婪”求解，就是每次都选择余下的最轻的集装箱装上货轮，当装入的集装箱质量最接近或者等于货轮载重时，就可以认为我们已经将尽可能多的集装箱装上了货轮。

可以将该问题形式化描述为:

$$\max\sum_{i=1}^{n} x_i$$

$$\sum_{i=1}^{n} \omega_i x_i \le c$$

$$x_i\in\{0,\ 1\},\ 1\leqslant i\leqslant n$$

其中，变量 $x_i=0$ 表示不装入集装箱 i，$x_i=1$ 表示装入集装箱 i。

该问题可以采用贪心法求解，采用轻者先装的策略，即可得到问题的最优解。

3. 参考程序

```
#include <stdio.h>
int load;
int min(int a[],int n)          /*求数组最小值*/
{
    int i,min=a[0];
    for(i=1; i<n; i++)
        if(a[i]<min) min=a[i];
    return min;
}
void addload(int a[],int n,int min)
/*对最小数加上 load,防止对下一次载入的影响*/
{
```

```
    int i;
    for(i=0; i<n; i++)
        if(a[i]==min) a[i]=a[i]+load;
}                                                /*轮船载重*/
int main()
{
    int i,j,containerNum;                        /*集装箱个数*/
    int  weight[1000];                           /*集装箱质量*/
    int sum=0;
    int loaded[1000];                            /*用于存储已装入货轮的集装箱*/
    int p=0;
    scanf("%d",&containerNum);
    scanf("%d",&load);
    for(j=0; j<containerNum; j++)
        scanf("%d",&weight[j]);
    while(sum<load)                              /*开始装载*/
    {
        loaded[p]=min(weight,containerNum);  /*选取最轻的集装箱装入*/
        sum=sum+min(weight,containerNum);    /*对已经装入的集装箱累加重量*/
        /*对最小数加上 load,防止对下一次载入的影响*/
        addload(weight,containerNum,loaded[p]);
        p++;
    }                                            /*装载完毕*/
    for(i=0; i<p-1; i++)
    {
        printf("%d ",loaded[i]);
    }
    printf("\n");
    return 0;
}
```

8.2.3 哈夫曼编码

（***题目来源***：JLOJ2370）

1. 问题描述

【Description】

在电报通信中，电文是以二进制的 0、1 序列传送的。在发送端，需要将电文的字符转换为二进制（0、1）序列（编码）；在接收端，要将 0、1 组成的二进制序列转换为能够识别的字符（译码）。

最简单的编码方式是等长编码。例如，若电文是英文，则需要编码的字符集为{A, B, …, Z}，采用等长编码，每个字符用 5 位二进制数表示即可（2^5>26）。在接收端，只要按 5 位二进制进行分割，就可以得到对应的文字。

但是，我们知道一篇文章中各个字符出现的次数是不一样的。为了使发送的内容尽量少，可以把不常用的字符用长二进制数表示，常用字符用短二进制数表示。这样就会产生一个问题。例如，用 00 表示 T，用 01 表示 W，用 0001 表示 G，当我们在接收端接收到 0001 时，就不知道怎样分割了，到底是 T 和 W，还是 G，这样的编码方式会使接收的电文无法译码。若要对字符进行不等长编码，则要使每个字符的编码都不是其他字符的前缀，这种编码方式叫作前缀编码。

输入 N 个整数，表示 N 个叶结点权值，构造一棵最优二叉树，从左向右输出每个叶结点的哈夫曼编码。

【Input】

第 1 行：1 个整数 N（$N \leq 50$）；

第 2 行：N 个空格分开的整数

【Output】

共 N 行，每行表示 1 个叶结点的编码。

【Sample Input】

3

1　2　4

【Sample Output】

00

01

1

2. 问题分析

1）前缀码

对每个字符规定一个 0、1 串作为其代码，并要求任一字符的代码都不是其他字符代码的前缀。这种编码称为前缀码。

编码的前缀性质可以使译码方法非常简单。

表示最优前缀码的二叉树总是一棵完全二叉树，即树中任一结点都有 2 个儿子结点。

平均码长定义为：

$$B(T) = \sum_{c \in C} f(c) d_T(c)$$

使平均码长达到最小的前缀码编码方案称为给定编码字符集 C 的最优前缀码。

2）构造哈夫曼编码

哈夫曼提出构造最优前缀码的贪心算法，由此产生的编码方案称为哈夫曼编码。哈夫曼算法以自底向上的方式构造表示最优前缀码的二叉树 T。

算法以$|C|$个叶结点开始，执行$|C|-1$ 次的“合并”运算后产生最终要求的树 T。

在书上给出的算法 huffmanTree 中，编码字符集中每一字符 c 的频率是 $f(c)$。以 f 为键值的优先队列 Q 用在贪心选择时有效地确定算法当前要合并的两棵具有最小频率的树。一旦两棵具有最小频率的树合并后，就产生一棵新的树，其频率为合并的两棵树的频率之和，并将新树插入优先队列 Q。经过 $n-1$ 次的合并后，优先队列中只剩下一棵树，即所要求的树 T。

算法 huffmanTree 用最小堆实现优先队列 Q。初始化优先队列需要 $O(n)$计算时间，由于最小堆的 removeMin 和 put 运算均需 $O(\log n)$时间，$n-1$ 次的合并总共需要 $O(n\log n)$计算时间。因此，关于 n 个字符的哈夫曼算法的计算时间为 $O(n\log n)$。

前面我们知道哈夫曼树其实是一棵最优二叉树，哈夫曼编码其实就是一棵最优二叉树的构造过程。下面改变数据的储存方式，对以上算法进行优化。

首先来看哈夫曼树的构造过程：

（1）根据给定的 n 个权值$\{w_1, w_2, \cdots, w_n\}$构造 n 棵二叉树的集合 $F=\{T_1, T_2, \cdots, T_n\}$，其中 T_i 中只有一个权值为 w_i 的根结点，左右子树为空。

（2）在 F 中选取两棵根结点的权值为最小的数作为左、右子树，以构造一棵新的二叉树，且置新的二叉树的根结点的权值为左、右子树上根结点的权值之和。

（3）将新的二叉树加入到 F 中，删除原两棵根结点权值最小的树。

（4）重复步骤（2）和（3），直到 F 中只含一棵树为止，这棵树就是哈夫曼树。

3. 参考程序

```
#include "stdio.h"
#include "stdlib.h"
#define MAXLEAF 50                                  /*叶子数最大值*/
#define MAXNODE 2*MAXLEAF-1                         /*最大结点数目*/
#define MAXCODE 300                                 /*最大编码位数*/
#define MAXVALUE 100000                             /*最大权值*/
typedef struct node
{
    /*结点类型的定义*/
    int weight;
    int parent;
    int lchild;
    int rchild;
} huffnode;
typedef struct code
{
    /*编码类型的定义*/
    int bits[MAXCODE];
    int start;
} huffcode;
void HuffManTree(huffnode a[],int n)
{
    /*构造哈夫曼树*/
    int i,j,m1,m2,x1,x2;
    for(i=0; i<n-1; i++)
    {
     m1=m2=MAXVALUE;
     x1=x2=0;
     for(j=0; j<n+i; j++)
```

```
        {
            /*找出最小的两个权值结点*/
            if(a[j].parent==-1&&a[j].weight<m1)
            {
                m2=m1;
                x2=x1;
                m1=a[j].weight;
                x1=j;
            }
            else if(a[j].parent==-1&&a[j].weight<m2)
            {
                m2=a[j].weight;
                x2=j;
            }
        }
        a[x1].parent=n+i;
        a[x2].parent=n+i;
        a[n+i].lchild=x1;
        a[n+i].rchild=x2;
        a[n+i].weight=a[x1].weight+a[x2].weight;
    }
}
void HuffManCode(huffnode a[],int n)
{
    /*哈夫曼编码*/
    int i,j,c,p;
    huffcode cd ,code[MAXNODE];
    HuffManTree(a,n);
    for(i=0; i<n; i++)
    {
        cd.start=n;
        c=i;
        p=a[c].parent;
        while(p!=-1)
        {
            if(a[p].lchild==c)              /* 左孩子为 0 */
                cd.bits[cd.start]=0;
            else
                cd.bits[cd.start]=1;        /* 右孩子为 1 */
            cd.start--;
            c=p;
            p=a[p].parent;
        }
        cd.start++;
        for(j=cd.start; j<=n; j++)
```

```
            code[i].bits[j]=cd.bits[j];
        code[i].start=cd.start;
    }
    for(i=0; i<n; i++)
    {
        for(j=code[i].start; j<=n; j++)
            printf("%d",code[i].bits[j]);
        printf("\n");
    }
}
int main()
{
    int i,n;
    huffnode huff_node[MAXNODE];
    scanf("%d",&n);
    for(i=0; i<2*n-1; i++)
    {
        huff_node[i].weight=0;
        huff_node[i].rchild=-1;
        huff_node[i].parent=-1;
        huff_node[i].lchild=-1;
    }
    for(i=0; i<n; i++)
        scanf("%d",&huff_node[i].weight);
    HuffManCode(huff_node,n);
    return 0;
}
```

8.2.4 单源最短路径

（题目来源：JLOJ2371）

1. 问题描述

【Description】

给定一个具有 n 个顶点、m 条边的有向图（其中某些边的权可能为负，但保证没有负环），计算从 1 号点到其他点的最短路径（顶点从 1 到 n 编号）。

【Input】

第一行为两个整数 n、m。

接下来的 m 行，每行有 3 个整数 u、v、l，表示 u 到 v 有一条长度为 l 的边。

【Output】

共 $n-1$ 行，第 i 行表示 1 号点到 $i+1$ 号点的最短路径。

【Sample Input】

3 3

1　2　–1

2　3　–1

3　1　2

【Sample Output】

–1

–2

2. 问题分析

按各个顶点与源点之间路径长度的递增次序，生成源点到各个顶点的最短路径的方法，即先求出长度最短的一条路径，再参照它求出长度次短的一条路径，以此类推，直到从源点到其他各个顶点的最短路径全部求出为止。

例如，在图 8-1 所示的有向带权图中，求源点 0 到其余顶点的最短路径及最短路径长度。

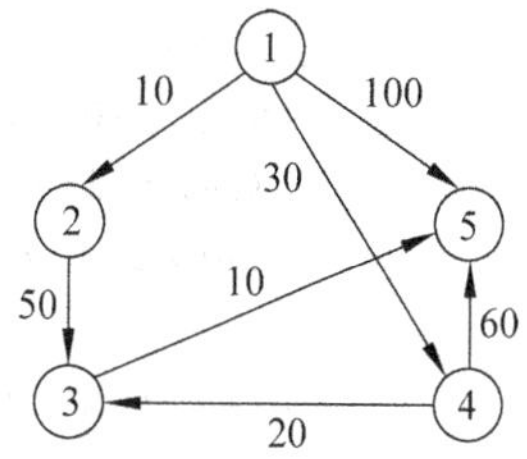

图 8-1　带权图

1）求解步骤

（1）设计合适的数据结构。带权邻接矩阵 ***C***，如果顶点 *u* 和顶点 *x* 之间存在路径 *E*，则令 C[u][x]=weight(E)（*E* 是权值），否则令 ***C***[*u*][*x*]为无穷大；采用数组 dist 记录从源点到其他顶点的最短路径长度；采用数组 *p* 记录最短路径。

（2）初始化。令集合 *S*={*u*}，对于集合 *V-S* 中的所有顶点 *x*，设置 dist[x]=C[u][x]；如果顶点 *i* 与源点相邻，则设置 p[i]=u，否则设置 p[i]=–1。

（3）在集合 *V-S* 中依照贪心策略寻找使得 dist[x]具有最小值的顶点 *t*，*t* 就是集合 *V-S* 中距离源点 *u* 最近的顶点。

（4）将顶点 *t* 加入集合 *S* 中，同时更新集合 *V-S*。

（5）如果集合 *V-S* 为空，则算法结束；否则转到步骤（6）。

（6）对集合 *V-S* 中的所有与顶点 *t* 相邻的顶点 *x*，若 dist[x]>dist[t]+C[t][x]，则 dist[x]=dist[t]+C[t][x]，并设置 p[x]=t，转到步骤（3）。

2）实例的求解过程

迭代	*S*	*u*	dist[2]	dist[3]	dist[4]	dist[5]
初始	{1}	—	10	maxint	30	100
1	{1,2}	2	10	60	30	100
2	{1,2,4}	4	10	50	30	90
3	{1,2,4,3}	3	10	50	30	60
4	{1,2,4,3,5}	5	10	50	30	60

3. 参考程序

```
#include <stdio.h>
typedef struct                              /*边*/
{
    int s;                                  /*初始结点*/
```

```
    int e;                                      /*终结点*/
    int weight;                                 /*权*/
} Edge;
#define N 20006
int L[N][N],n,m;
void Dijkstra(int L[][N],int Lamta[])   /*邻接矩阵首址,λ值首址*/
{
    int Y[N]= {0};                          /*Y[i]=true 表示 i 属于 Y 集,Y[i]=false
                                              表示 i 不属于 Y 集(属于 X 集)*/
    int i,j,w;
    Y[1]=0;                                 /*X={1}*/
    for(i=2; i<=n; i++)                     /*Y={2,3,4,5,6}*/
        Y[i]=1;
    Lamta[1]=0;                             /*源结点的最短路径长度为 0*/
    for(i=2; i<=n; i++)                     /*L[1][i]=99 表示源结点 1 和结点 i 不邻接*/
        Lamta[i]=L[1][i];                   /*Lamta[i]=99 表示 Lamta[i]=∞,无须另外
                                              判断邻接与否*/
    for(i=1; i<n; i++)
    {
        /*Y 集合共有 n-1 个结点*/
        int min=99,y;
        for(j=1; j<=n; j++)                 /*从 Y 集合中寻找λ标记为最小的结点*/
            if(Y[j] && Lamta[j]<min)        /*结点 j 属于集合 Y*/
                y=j,min=Lamta[j];
                Y[y]=0;                     /*Y=Y-{y},X=X∪{y}*/
        for(w=1; w<=n; w++)
        {
            /*更新与 y 邻接结点 w 的标记(w∈集合 Y)*/
            /*若 y 和 w 不邻接,则 L[y][w]=99,所以无须另外判断邻接与否*/
            if(Y[w] && Lamta[y]+L[y][w]<Lamta[w])
                Lamta[w]=Lamta[y]+L[y][w];
        }
    }
}
int main()
{
    Edge E[N];
    int i,j;
    int Lamta[N]= {0};                      /*标记λ用 Lamta 表示*/
    scanf("%d%d",&n,&m);
    for(i=1; i<=n; i++)
        for(j=1; j<=n; j++)
        {
            if(i!=j)
                L[i][j]=99999;
```

```
        else
            L[i][j]=0;
        }
    for(i=1; i<=m; i++)
        scanf("%d%d%d",&E[i].s,&E[i].e,&E[i].weight);
    for(i=1; i<=m; i++)                    /*由边集建立邻接矩阵*/
        L[E[i].s][E[i].e]=E[i].weight;

    Dijkstra(L,Lamta);                    /*邻接矩阵首址，λ值首址*/
    for(j=2; j<=n; j++)
        printf("%d\n",Lamta[j]);
    return 0;
}
```

8.2.5　埃及分数问题

（**题目来源**：JLOJ2372）

1. 问题描述

【Description】

设计一个算法，把一个真分数表示为埃及分数之和的形式。所谓埃及分数，是指分子为 1 的分数，如 7/8=1/2+1/3+1/24。

【Input】

输入多组数据，每组包含两个整数 a、b（$0<a<b<1000$），代表 a/b。

【Output】

对于每组数据，输出若干个数，自小到大排列，依次是单位分数的分母。

当有多个解时，选择字典序最小的解。

【Sample Input】

19　45

【Sample Output】

3　12　180

【HINT】

19/45=1/3 + 1/12 + 1/180；

19/45=1/3 + 1/15 + 1/45；

19/45=1/3 + 1/18 + 1/30；

19/45=1/4 + 1/6 + 1/180；

19/45=1/5 + 1/6 + 1/18。

答案是第一种。

2. 问题分析

一个真分数的埃及分数之和是不唯一的。一个简单的思路分析：7/8 就可以得到如下一种表示方式：

$$7/8=1/8+1/8+1/8+1/8+1/8+1/8+1/8$$

即对于分数 m/n，可以得出：

$$m/n=1/n+1/n+\cdots+1/n(\text{即 } m \text{ 个 } 1/n \text{ 相加})$$

显然，当 m 特别大时，此方法就显得特别烦琐。

如何快速找到一个用最少的埃及分数表示一个真分数的表达式呢？

基本思想：逐步选择分数包含的最大埃及分数，这些埃及分数之和就是问题的一个解。如：

$$7/8>1/2,$$
$$7/8-1/2>1/3,$$
$$7/8-1/2-1/3=1/24$$

过程如下：

（1）找最小的 n（也就是最大的埃及分数），使分数 $f<1/n$。

（2）输出 $1/n$。

（3）计算 $f=f-1/n$。

（4）若此时的 f 是埃及分数，则输出 f，算法结束，否则返回 1。

【提示】表面上看，以上过程的描述好像是一个算法，其实不是，因为第（3）步不满足可行性，高级程序设计语言不支持分数的运算。这时需要对算法建立一个数学模型：

设真分数 $F=A/B$，作 $B\div A$ 的整除运算，商为 D，余数为 K（$0<K<A$），它们之间的关系及导出关系如下：

$$B=A\times D+K$$
$$B/A=D+K/A<D+1$$
$$A/B>1/(D+1)$$

记 $C=D+1$，这样我们就找到了分数 F 包含的“最大的”埃及分数就是 $1/C$。进一步计算：

$$A/B-1/C=(A\times C-B)/B\times C$$

也就是说，继续要解决的是有关分子为 $A=A\times C-B$，分母为 $B=B\times C$ 的问题。

3. 参考程序

```
#include "stdio.h"
void egypt(int a,int b)
{
    int c,k,j,u,f[20];
    if(a==1 || b%a==0)
    {
        printf("%d \n",b/a);
        return;
    }
    k=0;
    j=b;             /*记录给定分数的分母*/
    while(1)
```

```
    {
        c=b/a+1;
        if(c==j)c++;          /*保证埃及分数的分母不与给定分数的分母相同*/
        k++;
        f[k]=c;               /*求得第 k 个埃及分数的分母*/
        a=a*c-b;
        b=b*c;                /* a、b 迭代，为选择下一个分母作准备*/
        for(u=2; u<=a; u++)
            while(a%u==0 && b%u==0)
            {
                a=a/u;
                b=b/u;
            }
        if(a==1 && b!=j)      /*化简后的分数为埃及分数,则赋值后退出*/
        {
            k++;
            f[k]=b;
            break;
        }
    }
    for(j=1; j<=k; j++)
        printf("%d ",f[j]);
        printf("\n");
}
int main()
{
    int a,b;
    while(scanf("%d %d",&a,&b)!=EOF)
        egypt(a,b);
    return 0;
}
```

8.2.6 多机调度问题

（题目来源：JLOJ2373）

1. 问题描述

【Description】

设有 n 个独立的作业{1，2，…，n}，由 m 台相同的机器进行加工处理。作业 i 所需的处理时间为 t_i。现约定每个作业均可在任何一台机器上加工处理，但未完工前不允许中断处理。作业不能拆分成更小的子作业。

现要求给出一种作业调度方案，使所给的 n 个作业在尽可能短的时间内由 m 台机器加工处理完成。

【Input】

输入的第一行是两个整数 n 和 m（$n<1000$，$m<1000$），接下来有 n 行，每行一个整

数，表示第 i 个作业所需的处理时间。

【Output】

输出一行，为加工完所有任务所需的最短时间。

【Sample Input】

7 3
2
14
4
16
6
5
3

【Sample Output】

17

2. 问题分析

多机调度问题要求给出一种作业调度方案，使所给的 n 个作业在尽可能短的时间内由 m 台机器加工处理完成。

例：设 7 个独立作业{1, 2, 3, 4, 5, 6, 7}由 3 台机器 $m1$、$m2$、$m3$ 加工处理。各作业所需的处理时间分别为{2, 14,4, 16, 6, 5, 3}。现要求用贪心算法给出最优解。

（1）分析问题性质，确定适当的贪心选择标准。

（2）按贪心选择标准对 n 个输入进行排序，初始化部分解。

（3）按序每次输入一个量，如果这个输入和当前已构成在这种选择标准下的部分解加在一起不能产生一个可行解，则此输入不能加入到部分解中，否则形成新的部分解。

（4）继续处理下一次输入，直至 n 次输入处理完毕，最终的部分解即为此问题的最优解。

3. 参考程序

```
#include "stdio.h"
#define N 1001
typedef struct node
{
    int ID,time;                              /*作业所需时间*/
} jobnode;
typedef struct Node
{
    int ID,avail;                        /*ID 机器编号 avail 每次作业的初始时间*/
} manode;
manode machine[N];
jobnode job[N];
manode* Find_min(manode a[],int m)        /* 找出下一个作业的执行机器 */
```

```
{
    manode* temp=&a[0];
    int i;
    for(i=1; i<m; i++)
    {
        if(a[i].avail<temp->avail)
            temp=&a[i];
    }
    return temp;
}
void Sort(jobnode t[],int n)              /* 对作业时间由大到小进行排序 */
{
    jobnode temp;
    int  i,j;
    for(i=0; i<n-1; i++)
        for(j=n-1; j>i; j--)
        {
            if(job[j].time>job[j-1].time)
            {
                temp=job[j];
                job[j]=job[j-1];
                job[j-1]=temp;
            }
        }
}
void Multi_schedu()
{
    int n,m,temp,i;
    manode* ma;
    scanf("%d%d",&n,&m);
    for( i=0; i<n; i++)
    {
        scanf("%d",&job[i].time);
        job[i].ID=i+1;
    }
    for( i=0; i<m; i++)                   /*给机器进行编号并初始化*/
    {
        machine[i].ID=i+1;
        machine[i].avail=0;
    }
    Sort(job,n);
    for( i=0; i<n; i++)
    {
        ma=Find_min(machine,m);
        ma->avail+=job[i].time;
```

```
    }
    temp=machine[0].avail;
    for( i=1; i<m; i++)
    {
        if(machine[i].avail>temp)
            temp=machine[i].avail;
    }
    printf("%d\n",temp);
}
int main()
{
    Multi_schedu();
    return 0;
}
```

8.3 实战训练

8.3.1 小船过河问题

（**题目来源**：JLOJ2491）

【Description】

一群人划船过河，河边只有一条船，这条船可以容纳两个人，船过河后需一人将船开回，以便所有人都可以过河。每个人过河的速度都不相同，两个人过河的速度取决于速度最慢的那个人。请问最少需要多少时间可以让所有人都过河？

【Input】

第一行输入人数 n；

第二行输入每个人过河所需的时间。

【Output】

输出需要的最少时间。

【Sample Input】

4

1 2 5 10

【Sample Output】

17

8.3.2 纪念品分组

（**题目来源**：JLOJ2492）

【Description】

元旦快到了，校学生会让乐乐负责新年晚会的纪念品发放工作。为使参加晚会的同学获得的纪念品价值相对均衡，他要把购来的纪念品根据价格进行分组，但每组最多只能包括两件纪念品，并且每组纪念品的价格之和不能超过一个给定的整数。为了保证在尽量短的时间内发完所有纪念品，乐乐希望分组的数目最少。编写程序，找出所有分组方案中分组数最少的一种方案。

【Input】

第一行包括一个整数 w，表示每组纪念品价格之和的上限；

第二行为一个整数 n，表示购来的纪念品的总件数；

第三行为 n 个正整数，每个正整数 k（$k \leqslant w$）表示所对应纪念品的价格。

【Output】

输出最少的分组数目。

【Sample Input】

100

9

90 20 20 30 50 60 70 80 90

【Sample Output】

6

8.3.3 数列极差问题

（*题目来源*：JLOJ2493）

【Description】

在黑板上写 N 个正整数组成一个数列，对该数列进行如下操作：每次擦去其中的两个数 a 和 b，然后在数列中加入一个数 $a \times b+1$，如此下去，直至黑板上剩下一个数，在所有按这种操作方式得到的数中，最大的为 max，最小的为 min，则该数列的极差定义为 M=max–min。

【Input】

第一行输入正整数 N（$1<N<100$），表示有 N 个数；

第二行输入 N 个正整数，表示数列。

【Output】

输出极差 M。

【Sample Input】

6

4 3 5 1 7 9

【Sample Output】

1688

8.3.4 函数求底问题

（*题目来源*：JLOJ2494）

【Description】

有指数函数 $k^n=p$，其中 k、n、p 均为整数，且 $1 \leqslant k \leqslant 10^9$，$1 \leqslant n \leqslant 200$，$1 \leqslant p<10^{101}$。

现给定 n 和 p，求底数 k。

【Input】

第一行为测试的组数 m；

接下来的 m 行为测试数据 n 和 p。

【Output】

输出 k，每组测试数据占一行。

【Sample Input】

```
3
2  16
3  27
7  4357186184021382204544
```

【Sample Output】

```
4
3
1234
```

8.3.5 开心的金明

（题目来源：JLOJ2495）

【Description】

金明今天很开心，家里购置的新房就要领钥匙了，新房里有一间他自己专用的很宽敞的房间。更让他高兴的是，妈妈昨天对他说：“你的房间需要购买哪些物品，怎么布置，你说了算，只要不超过 N 元钱就行。”今天一早金明就开始做预算，但是他想买的东西太多了，肯定会超过妈妈限定的 N 元。于是，他把每件物品规定了一个重要度，分为 5 等：用整数 1～5 表示，第 5 等最重要。他还从因特网上查到了每件物品的价格（都是整数元）。他希望在不超过 N 元（可以等于 N 元）的前提下，使每件物品的价格与重要度的乘积的总和最大。设第 j 件物品的价格为 $v[j]$，重要度为 $w[j]$，共选中了 k 件物品，编号依次为 $j1$，$j2$，…，jk，则所求的总和为：

$$v[j1]*w[j1]+v[j2]*w[j2]+\cdots+v[jk]*w[jk]$$

其中*为乘号，请帮助金明设计一个满足要求的购物单。

【Input】

输入第一行为两个正整数 N 和 m，用一个空格隔开，(其中 N(N<30000)表示总钱数，m（m<25）为希望购买物品的个数）。从第 2 行到第 m+1 行，第 j 行给出了编号为 j–1 的物品的基本数据，每行有 2 个非负整数 v、p（其中 v 表示该物品的价格（v≤10000），p 表示该物品的重要度（1～5））。

【Output】

输出不超过总钱数的物品的价格与重要度乘积的总和的最大值。

【Sample Input】

```
1000  5
```

800　2
400　5
300　5
400　3
200　2

【Sample Output】

3900

8.3.6　小明坐车问题

（*题目来源*：JLOJ2496）

【Description】

小明家住长春，打算军训结束后回家，他发现一条特殊的从四平到长春的公路，每隔 1km 有一个汽车站，乘客根据他们乘坐汽车的千米数付费，并且坐一辆车不能超过 10km。小明上车后发现车上的人分别要在 n km（$1\leqslant n\leqslant 100$）处下车，他们都可以无限次地换车。小明练习过 ACM，他打算做一件好事，帮助其他人计算如何换车可使费用最少。

【Input】

输入数据有两行：

第一行为 10 个整数，分别表示行走 1～10km 的费用（≤500）。存在行驶 1km 费用可能比行驶 10km 费用还要多的现象；

第二行为一个正整数 n，表示乘客要走的路程（以 km 计）。

【Output】

输出一个数，表示最少费用。

【Sample Input】

12　21　31　40　49　58　69　79　90　101
15

【Sample Output】

147

8.3.7　田忌赛马

（*题目来源*：JLOJ2497）

【Description】

中国古代的历史故事“田忌赛马”是大家熟知的。话说齐王和田忌又要赛马了，他们各派出 N 匹马，每场比赛，输的一方将要给赢的一方 200 两黄金，如果是平局，双方都不必拿钱。现在每匹马的速度值是固定而且已知的，而齐王出马时也不管田忌的出马顺序。请问田忌该如何安排自己的马去对抗齐王的马，可能赢得的最多的钱是多少？

【Input】

第一行为一个正整数 N（$N\leqslant 1000$），表示双方马的数量；

第二行有 N 个整数，表示田忌的马的速度；

第三行的 N 个整数为齐王的马的速度。

【Output】

田忌赛马可能赢得的最多的钱，结果有可能为负。

【Sample Input】

3

92 83 71

95 87 74

【Sample Output】

200

8.3.8 装箱问题

（题目来源：JLOJ2498）

【Description】

一个工厂制造的产品形状都是长方体，它们的高度都是 h，长和宽相等，一共有 6 个型号，它们的长、宽分别为 1×1，2×2，3×3，4×4，5×5，6×6，这些产品通常使用一个 $6\times6\times h$ 的长方体包裹包装，然后邮寄给客户。因为邮费很贵，所以工厂要想方设法地减少每个订单运送时的包裹数量。他们很需要有一个好的程序能帮他们解决这个问题，从而节省费用。

【Input】

输入包括若干行，每行代表一个订单。每个订单里的一行包括 6 个整数，中间用空格隔开，分别为 1×1～6×6 这 6 种产品的数量。输入将以 6 个 0 组成的一行结尾。

【Output】

除了输入的最后一行 6 个 0 外，输入中的每行对应输出的一行，每行输出一个整数，代表对应的订单所需的最小包数。

【Sample Input】

0 0 4 0 0 1

7 5 1 0 0 0

0 0 0 0 0 0

【Sample Output】

2

1

8.3.9 删数问题

（题目来源：JLOJ2499）

【Description】

有一个长度为 n（$n \leqslant 240$）的正整数，从中取出 s（$s<n$）个数，使剩余的数保持原来的次序不变，求这个正整数经过删数之后最小是多少。

【Input】

输入两个数 n 和 s。

【Output】

输出删数之后的最小值。

【Sample Input】

178543 4

【Sample Output】

13

8.3.10 移动纸牌问题

（题目来源：JLOJ2500）

【Description】

有 N 堆纸牌，编号分别为 1，2，…，n。每堆上有若干张,但纸牌总数必为 n 的倍数。可以在任一堆上取若干张纸牌，然后移动。移牌的规则为：在编号为 1 上取的纸牌，只能移到编号为 2 的堆上；在编号为 n 的堆上取的纸牌，只能移到编号为 $n-1$ 的堆上；在其他堆上取的纸牌，可以移到相邻左边或右边的堆上。现在要求找出一种移动方法，用最少的移动次数使每堆上的纸牌数都一样多。

【Input】

第一行输入 N（N 堆纸牌，$1\leqslant N\leqslant 100$）；

第二行输入 N 个正整数 $A_1,A_2,\cdots,A_N$（N 堆纸牌中每堆纸牌的初始数，$1\leqslant A_i\leqslant 10000$）。

【Output】

所有堆均达到相等时的最少移动次数。

【Sample Input】

5

4 9 8 17 6

【Sample Output】

3

8.3.11 组合正整数

（题目来源：JLOJ2501）

【Description】

设有 n 个正整数，将它们连接成一排，组成一个最大的多位整数。

【Input】

第一行输入正整数 n（$n<5$）；

第二行输入 n 个正整数。

【Output】

最大的多位整数。

【Sample Input】

3

13 312 343

【Sample Output】

34331213

8.3.12 活动安排问题

（题目来源：JLOJ2502）

【Description】

设有 n 个活动的集合 E={1, 2, …, n}，其中每个活动都要求使用同一个资源（如演讲会场），而在同一时间内只有一个活动能使用这一资源。每个活动 i 都有一个要求使用该资源的起始时间 Si 和一个结束时间 Fi，且 $Si<Fi$。如果选择了活动 i，则他在该时间区间[Si, Fi]内占用资源，若区间[Si, Fi] 和区间[Sj, Fj]不相交，则称活动 i 与活动 j 是相容的。活动安排问题要求在所给的活动集合范围内选出最大的相容的活动子集。

【Input】

首先输入 n 个教室，其次输入 n 行，每行两个数字，表示开始时间和结束时间。

【Output】

输出最少需要几个教室。

【Sample Input】

3

1 2

3 4

2 9

【Sample Output】

2

8.3.13 多人接水问题 1

（题目来源：JLOJ2503）

【Description】

有 n 个人在一个水龙头前排队接水，假如每个人接水的时间为 $t[i]$，请编程找出这 n 个人排队的一种顺序，使得 n 个人的平均等待时间最小。注意：若两个人的等待时间相同，则序号小的优先。

【Input】

第一行为 n。

第二行共有 n 个整数,分别表示每个人的接水时间 $t[1]$, $t[2]$, $t[3]$, $t[4]$, …, $t[n]$，每个数据之间有一个空格。

数据范围：$0<n\leqslant 1000$，$0<t[i]\leqslant 1000$。

【Output】

共两行，第一行为 n 个数，以空格隔开，为一种排队顺序，即 1～n 的一种排列；

第二行为这种排列方案下的平均等待时间（保留小数点后两位）。

【Sample Input】

10

56 12 1 99 1000 234 33 55 99 812

【Sample Output】

3 2 7 8 1 4 9 6 10 5

291.90

8.3.14 多人接水问题 2

（题目来源：JLOJ2504）

【Description】

有 n 个人排队到 m 个水龙头去接水，他们装满水桶的时间 $t1, t2, \cdots, tn$ 为整数且各不相同，应如何安排他们的接水顺序，才能使他们花费的总时间最少？

【Input】

第一行为 n、m。

第二行有 n 个整数，分别表示第一个人到第 n 个人每人的接水时间 $t[1], t[2], t[3], t[4], \cdots, t[n]$，每个数据之间有一个空格。

数据范围：$0<n\leqslant 1000$，$0<t[i]\leqslant 1000$。

【Output】

输出最少花费时间。

【Sample Input】

3 2

1 2 3

【Sample Output】

7

8.3.15 搬桌子问题

（题目来源：JLOJ2505）

【Description】

在 400 个两两相对房间之间搬桌子，走廊一次只能通过一张桌子，把桌子从一个房间移到另一个房间需要 10min。请问每组搬桌子的最短时间。

【Input】

第一行输入 T，表示搬桌子的组数；

第二行输入 N，表示每组要搬的桌子数；

接下来的 N 行输入桌子搬出的房间和搬入的房间。

【Output】

输出每组搬桌子的最短时间。

【Sample Input】

1

2

1 3

3 5

【Sample Output】

20

8.4 小 结

贪心法是一种不追求最优解，只希望最快得到较满意解的方法。正如其名字一样，贪心法在解决问题的策略上目光短浅，只根据当前已有的信息做出选择，而且一旦做出了选择，不管将来有什么结果，这个选择都不会改变。换言之，贪心法并不是从整体最优考虑，它做出的选择只在某种意义上局部最优。这种局部最优选择不能保证得到整体最优解，但通常能得到近似最优解。

贪心算法是通过做一系列的选择来给出某一问题的最优解。贪心策略针对的是“通过局部最优决策就能得到全部最优决策”的问题，对算法中的每个决策点，做一个当时看起来是最佳的选择。这一点是贪心算法不同于动态规划（将在第 11 章学习）之处。在动态规划中，每一步都要进行选择，但是这些选择依赖于子问题的解。因此，解动态规划问题一般是自底向上，从小子问题处理至大子问题。贪心算法做的当前选择可能要依赖于已经做出的所有选择，但不依赖于有待于做出的选择或子问题的解。因此，贪心算法通常是自顶向下地做出贪心选择，每做一次贪心选择，就将问题简化为规模更小的子问题。

第9章 回 溯 法

9.1 算法设计思想

回溯法又称为试探法，它是算法设计的重要方法之一，是一种在解空间中搜索问题的解的方法。即在问题的解空间树中，按深度优先搜索策略，从根结点出发搜索解空间树。算法搜索至解空间树的任一结点时，先判断该结点是否包含问题的解。如果不包含，则跳过对以该结点为根的子树的搜索，逐层向其祖先结点回溯；否则进入该子树，继续按深度优先策略搜索。用回溯法求问题的所有解时，要回溯到根结点，且根结点的所有子树都被搜索一遍才结束。用回溯法求问题的一个解时，只要搜索到问题的一个解就可以结束。这种以深度优先方式系统搜索问题解的算法称为回溯法。

回溯法是尝试搜索算法中最基本的一种，它采用一种“走不通就掉头”的思想作为其控制结构。在用回溯法解决问题时，每向前走一步都有很多路需要选择，但当没有决策的信息或决策的信息不充分时，只好尝试某一路线向下走，到一定程度后得知此路不通时，再回溯到上一步尝试其他路线。当然，在尝试成功时，问题得解，算法结束。

回溯法求解问题由“试探和回溯”两部分组成：

通过对问题的归纳分析，找出求解问题的一个线索，沿着这一线索往前试探，若试探成功，即得到解；若再往前走不可能得到解，就回溯，退一步另找线路，再往前试探。

从解的角度理解，回溯法将问题的候选解按某种顺序进行枚举和检验。当发现当前候选解不可能是解时，就选择下一个候选解。在回溯法中，放弃当前候选解，寻找下一个候选解的过程称为回溯。若当前候选解除不满足问题规模要求外，满足所有其他要求时，就继续扩大当前候选解的规模，并继续试探。如果当前候选解满足包括问题规模在内的所有要求时，该候选解就是问题的一个解。

9.2 典 型 例 题

9.2.1 八皇后问题

（*题目来源*：JLOJ2374）

1. 问题描述

【Description】

求出在一个 8×8 的棋盘上，放置 8 个不能互相捕捉的国际象棋“皇后”的所有布局。

【Input】

无。

【Output】

输出所有八皇后问题的解。

2. 问题分析

从图 9-1 中可以得到以下启示：一个合适的解应是在每列、每行上只有一个皇后，且一条斜线上也只有一个皇后。

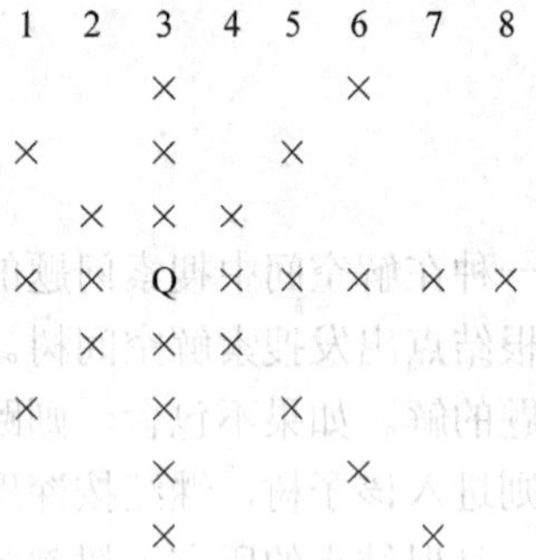

图 9-1 八皇后

该问题可通过带约束条件的枚举法求解：

求解过程从空间配置开始，最简单的算法是通过八重循环模拟搜索空间中的 8^8 个状态，按深度优先思想从第一个皇后开始搜索，确定一个位置后，再搜索第二个皇后的位置……每前进一步都要检查是否满足约束条件，不满足时，用 continue 语句回溯到上一个皇后，继续尝试下一位置；满足约束条件时，开始搜索下一个皇后的位置，直到找出问题的解。

约束条件有 3 个：

（1）不在同一列的表达式为：$x_i \neq x_j$。

（2）不在同一主对角线上的表达式为：$x_i - i \neq x_j - j$。

（3）不在同一副对角线上的表达式为：$x_i + i \neq x_j + j$。

条件（2）、（3）可以合并为一个“不在同一对角线上”的约束条件，表示为：

$$\text{abs}(x_i - x_j) \neq \text{abs}(i - j)$$

3. 参考程序

```
#include"stdio.h"
#include"math.h"
int backdate(int n);
int output(int n);
int check(int k);
int a[20],n;
int main()
{
    scanf("%d",&n);
    backdate(n);
}
int backdate(int n)                          /*n 皇后问题的回溯法求解 */
{
    int k;
    a[1]=0;
    k=1;
    while(k>0)
```

```
    {
        a[k]++;
        while((a[k]<=n)&&(check(k)==0))
            a[k]++;
        if(a[k]<=n)
            if(k==n)
                output(n);
            else
            {
                k++;
                a[k]=0;
            }
        else
            k--;
    }
        return 0;
}
int check(int k)                /* 判断该位置的皇后是否满足条件 */
{
    int i;
    for(i=1;i<=k-1;i++)
        if(abs(a[i]-a[k])==abs(i-k)||a[i]==a[k])
            return(0);
        return(1);
}
int output(int n)               /* 打印输出 n 皇后问题的一个解 */
{
    int i;
    for(i=1;i<=n;i++)
        printf("%d",a[i]);
    printf("\n");
}
```

9.2.2　图着色问题

（题目来源：JLOJ2375）

1. 问题描述

【Description】

设一无向连通图 $G=(V,E)$ 有 n 个顶点，并有 m（正整数）种不同的颜色。用这些颜色为图 G 的各顶点着色，是否有一种着色法能使 G 中任意相邻接的 2 个顶点着不同的颜色？如果有，则称这个图是 m 可着色的。图的 m 着色问题是对于给定图 G 和 m 种颜色，找出所有不同的着色法。对于给定的无向连通图 G 和 m 种不同的颜色，编程计算图的所有不同的着色法。

【Input】

第一行有 3 个正整数 n、k 和 m，表示给定图 G 有 n 个顶点（$2 \leqslant n \leqslant 10$）、$k$ 条边（$k<1000$），m 种颜色（$1 \leqslant m \leqslant n$）。顶点编号为 1，2，3，…，$n$。接下来的 k 行中，每行有 2 个正整数 u、v，表示图 G 的一条边（u, v）。

【Output】

输出不同的着色方案数。

【Sample Input】

5 8 4
1 2
1 3
1 4
2 3
2 4
2 5
3 4
4 5

【Sample Output】

48

2. 问题分析

对于该问题，可以用一个 n 元组 $C=(c_1, c_2,\cdots, c_n)$来描述图的一种着色方案，其中，$c_i \in \{1, 2, \cdots, m\}(1 \leqslant i \leqslant n)$，代表顶点 i 的颜色。下面将 n 元组保存到数组 color[]中，该数组存储 n 个顶点的着色方案，可以选择的颜色为 1～m。

用回溯法求解图着色问题，首先将所有顶点颜色置为 0，然后依次为每个顶点着色。当某种颜色为顶点 k 的着色与其前面顶点的着色不发生冲突时，则着色，之后处理下一个顶点（即向前试探）；否则搜索下一种颜色，当无可用颜色时，则回溯，对 k 的前一个顶点重新着色；当 k 为第 n 个顶点，并已经着色时，便得到了问题的一个解，输出着色方案。重复上述过程，可以得到该问题的所有可能的解。

已知一个具有 5 个顶点的无向图 G，如图 9-2 所示，其存储的邻接矩阵如图 9-3 所示。算法中用 3 种颜色对图 G 进行着色，给出了所有可能的着色方案。

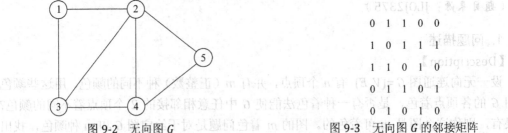

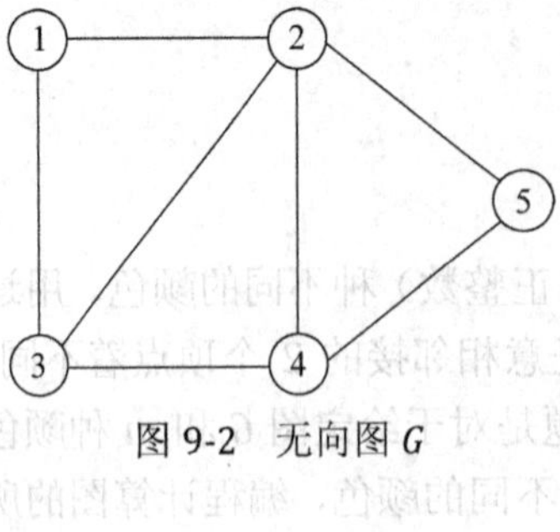

图 9-2 无向图 G

$$
\begin{matrix}
0 & 1 & 1 & 0 & 0 \\
1 & 0 & 1 & 1 & 1 \\
1 & 1 & 0 & 1 & 0 \\
0 & 1 & 1 & 0 & 1 \\
0 & 1 & 0 & 1 & 0
\end{matrix}
$$

图 9-3 无向图 G 的邻接矩阵

3. 参考程序

```
#include "stdio.h"
int color[100];
int flag=0;
int ans=0;
int ok(int k ,int c[][100])                          /*判断顶点k的着色是否发生冲突*/
{
    int i;
    for(i=1; i<k; i++)
        if(c[k][i]==1 && color[i]==color[k])
            return 0;
    return 1;
}
int graphcolor(int n,int m,int c[][100])   /* 实现图的着色算法 */
{
    int i,k;
    for(i=1; i<=n; i++)
        color[i]=0;                                  /*初始化*/
    k=1;
    while(k>=1)
    {
        color[k]=color[k]+1;
        while(color[k]<=m)
            if (ok(k,c))
                break;
            else
                color[k]=color[k]+1;                 /*搜索下一种颜色*/
        if(color[k]<=m && k==n)                      /*求解完毕，输出解*/
        {
            flag=1;
            ans++;
        }
        else if(color[k]<=m && k<n)
            k=k+1;                                   /*向前试探，处理下一个顶点*/
        else
        {
            color[k]=0;
            k=k-1;                                   /*回溯*/
        }
    }
    return flag;
}
int main()
{
```

```
    int n,m,k,u,v;
    int c[100][100]= {{0,0}};                          /*存储 n 个顶点的无向图的数组*/
    scanf("%d%d%d",&n,&k,&m);
    while(k--)
    {
        scanf("%d%d",&u,&v);
        c[u][v]=1;
        c[v][u]=1;
    }
    graphcolor(n,m,c);
    printf("%d\n",ans);
    return 0;
}
```

9.2.3 桥本分数式

（**题目来源**：JLOJ2376）

1. 问题描述

【Description】

把 1, 2, …, 9 这 9 个数字填入下式的 9 个方格中（数字不得重复），使如图 9-4 所示的分数等式成立。问这一分数式填数共有多少个解？试求出所有解（注：等式左边两个分数交换次序只算一个解）。

$$\frac{\square}{\square\square}+\frac{\square}{\square\square}=\frac{\square}{\square\square}$$

图 9-4 桥本分数式

【Input】

无。

【Output】

输出桥本分数的解答数。

2. 问题分析

可以采用回溯法逐步调整探求。把式中 9 个□规定一个顺序后，先在第一个□中填入一个数字（从 1 开始递增），然后从小到大选择一个不同于前面□的数字填在第二个□中，以此类推，把 9 个□都填入没有重复的数字后，检验是否满足等式。若等式成立，就打印所得的解。然后第 9 个□中的数字调整增 1 再试，直到调整为 9（不能再增）；返回前一个□中，将其中的数字调整增 1 再试，即为回溯过程；以此类推，直至第一个□中的数字调整为 9 时，不可再回溯，完成向前试探过程后，问题结束。

可见，问题的解空间是 9 位的整数组，其约束条件是 9 位数中没有相同数字且必须满足分式的要求。

为此，设置 a 数组，式中每一□位置用一个数组元素表示：

$$\frac{a[1]}{a[2]a[3]}+\frac{a[4]}{a[5]a[6]}=\frac{a[7]}{a[8]a[9]}$$

同时，记式中的 3 个分母分别为：

$$m_1=a[2]a[3]=a[2]\times 10+a[3]$$

$$m_2=a[5]a[6]=a[5]\times 10+a[6]$$

$$m_3=a[8]a[9]=a[8]\times 10+a[9]$$

所求分数等式等价于整数等式 $a[1]\times m_2\times m_3+a[4]\times m_1\times m_3=a[7]\times m_1\times m_2$ 成立。这一转化可以把分数的测试转化为整数测试。

注意：等式左侧两分数交换次序只算一个解，为避免解的重复，设 $a[1]<a[4]$。

式中 9 个□各填一个数字，不允许重复。为判断数字是否重复，可设置标志变量 g：先赋值 $g=1$；若出现某两数字相同（即 $a[i]=a[k]$或 $a[1]>a[4]$），则赋值 $g=0$（重复标记）。

首先从 $a[1]=1$ 开始，逐步给 $a[i](1\leqslant i\leqslant 9)$赋值，每个 $a[i]$赋值从 1 开始递增至 9，直至 $a[9]$赋值，判断：

若 $i=9$，$g=1$，$a[1]\times m_2\times m_3+a[4]\times m_1\times m_3=a[7]\times m_1\times m_2$ 同时满足，则为一组解，用 n 统计解的个数后，打印输出这组解。

若 $i<9$ 且 $g=1$，表明还不到 9 个数字，则下一个 $a[i]$从 1 开始赋值继续。

若 $a[9]=9$，则返回前一个数组元素 $a[8]$增 1 赋值（此时，$a[9]$又从 1 开始）再试。若 $a[8]=9$，则返回前一个数组元素 $a[7]$增 1 赋值再试。以此类推，直到 $a[1]=9$ 时，已无法返回，意味着已全部试完，求解结束。

按以上描述的回溯的参量：$m=n=9$

元素初值：$a[1]=1$，数组元素初值取 1。

取值点：$a[i]=1$，各元素从 1 开始取值。

回溯点：$a[i]=9$，各元素取值至 9 后回溯。

约束条件 1：$a[i]==a[k]\ ||\ a[1]>a[4]$，其中（$i>k$）。

约束条件 2：$i==9\quad \&\&\ (a[1]\times m_2\times m_3+a[4]\times m_1\times m_3==a[7]\times m_1\times m_2)$

3. 参考程序

```
#include <stdio.h>
int a[10],s;
int hashimoto(int i)
{
   int g,k;
   long m1,m2,m3;
   a[1]=1;
   s=0;
   while (1)
   {
      g=1;
      for(k=i-1; k>=1; k--)
         if(a[i]==a[k])          /* 两数相同,标记 g=0  */
         {
            g=0;
            break;
         }
      if(i==9 && g==1 && a[1]<a[4])
```

```
        {
           m1=a[2]*10+a[3];
           m2=a[5]*10+a[6];
           m3=a[8]*10+a[9];
           if(a[1]*m2*m3+a[4]*m1*m3==a[7]*m1*m2)  /* 判断等式 */
           {
              s++;
           }
        }
        if(i< 9 && g==1)
        {
           i++;
           a[i]=1;
           continue;
        }                                      /* 未到 9 个数,继续向前试探 */
        while(a[i]==9 && i>1)                  /* 回溯 */
           i--;
        if(a[i]==9 && i==1)                    /* 至第 1 个数为 9 结束 */
           break;
        else
           a[i]++;

     }
     return s;
}
int main()
{
     hashimoto(1);
     printf("%d\n",s);
     return 0;
}
```

9.2.4 高逐位整除数

（**题目来源**：JLOJ2377）

1. 问题描述

【Description】

对于指定的正整数 n，共有多少个不同的 n 位高逐位整除数？所谓 n 位高逐位整除数，是指该数最高位能被 1 整除，前 2 位能被 2 整除，前 3 位能被 3 整除……该数本身能被 n 整除。指定 n 位高逐位整除数，输出所有 n 位高逐位整除数的个数。

【Input】

输入多组测试数据，每组包括一个整数 n（$0<n<26$）。

【Output】

每行输出一个整数，对应 n 位高逐位整除数的个数。

【Sample Input】

1

【Sample Output】

9

2. 问题分析

设置数组 a[]，用来存放求解的高逐位整除数。

在 a 数组中，数组元素 a[1]从 1 开始取值，存放逐位整除数的最高位数，显然能被 1 整除；a[2]从 0 开始取值，存放第 2 位数，前 2 位即 $a[1]\times10+a[2]$能被 2 整除……

为了判别已取的 i 位数能否被 i 整除，可设置循环：

```
for(r=0,j=1;j<=i;j++)
    { r=r*10+a[j]; r=r%i; }
```

（1）若 $r=0$，则该 i 位数能被 i 整除，$t=0$；此时有两个选择：

① 若已取了 n 位，则输出一个 n 位逐位整除数；最后一位增 1 后继续。

② 若不到 n 位，则 $i=i+1$，继续向前探索下一位。

（2）若 $r\neq0$，即前 i 位数不能被 i 整除，则 $t=1$，此时 $a[i]=a[i]+1$，即第 i 位增 1 后继续。

若增值至 $a[i]>9$，则 $a[i]=0$ 即该位清“0”后，$i=i-1$ 回溯到前一位增值 1，直到第 1 位增值超过 9 后，循环结束。

该算法可探索并输出所有 n 位逐位整除数，用 s 统计解的个数。若 $s=0$，说明没有找到 n 位逐位整除数。

3. 参考程序

```
#include "stdio.h"
int divide(int a[],int n)
{
    int i,j,r,t,s;
    t=0;
    s=0;
    for(j=1; j<=100; j++)
        a[j]=0;
    i=1;
    a[1]=1;
    while(a[1]<=9)
    {
        if(t==0 && i<n)
            i++;
        for(r=0,j=1; j<=i; j++)  /* 检测已取的 i 位数能否被 i 整除*/
```

```
            {
                r=r*10+a[j];
                r=r%i;
            }
            if(r!=0)
            {
                a[i]=a[i]+1;
                t=1;                     /* 余数 r!=0 时, a[i]增 1,t=1 */
                while(a[i]>9 && i>1)
                {
                    a[i]=0;
                    i--;                 /* 回溯 */
                    a[i]=a[i]+1;
                }
            }
            else
                t=0;                     /* 余数 r=0 时,t=0 */
            if(t==0 && i==n)
            {
                s++;
                a[i]=a[i]+1;
            }
        }
        return(s);
    }
    int main()
    {
        int n,s,a[100];
        while(scanf("%d",&n)!=EOF)
        {
            s=divide(a,n);
            printf("%d\n",s);
        }
        return 0;
    }
```

9.2.5 直尺刻度分布问题

（题目来源：JLOJ2378）

1. 问题描述

【Description】

有一年代尚无考究的古直尺长 36 寸（1 寸＝0.03̇3̇m），因其使用时间较长，尺上的刻度只剩下 8 条，其余刻度已不存在。神奇的是，用该尺仍可一次性度量 1～36 任意整数寸长度。设计算法，确定古直尺上 8 条刻度的位置。

【Input】

无。

【Output】

依次输出刻度的位置，各数字后面有一个空格。

2. 问题分析

相当于探索一般尺长为 s，刻度数为 n 的完全度量问题。

为了寻求实现尺长 s 完全度量的 n 条刻度的分布位置，设置以下两个数组：

（1）数组 $a[]$。数组元素 $a[i]$为第 i 条刻度距离尺左端线的长度，$a[0]=0$ 以及 $a[n+1]=s$ 对应尺的左、右端线。注意：尺的两端至少有一条刻度距端线为 1（否则长度 $s-1$ 不能度量），不妨设 $a[1]=1$，其余的 $a[i]$（$i=2, \cdots, n$）在 $2 \sim s-1$ 中取不重复的数。不妨设

$$2 \leqslant a[2]<a[3]<\cdots<a[n] \leqslant s-1$$

从 $a[2]$取 2 开始，以后 $a[i]$从 $a[i-1]+1$ 开始递增 1 取值，直至 $s-(n+1)+i$ 为止，这样可避免重复。

若 $i<n$，i 增 1 后 $a[i+1]=a[i]+1$ 后继续探索。

当 $i>1$ 时，$a[i]$增 1 继续，直至 $a[i]=s-(n+1)+i$ 时回溯。

当 $i=n$ 时，n 条刻度连同尺的两条端线共 $n+2$ 条，$n+2$ 取 2 的组合数为 $C(n+2, 2)$，记为 m，显然有

$$m=C(n+2,2)=\frac{(n+1)(n+2)}{2}$$

（2）数组 $b[]$。将 m 种长度赋给 b 数组，数组元素为 $b[1], b[2], \cdots, b[m]$。为判定某种刻度的分布位置能否实现完全度量，可设置特征量 u，对于 $1 \leqslant d \leqslant s$ 的每个长度 d，如果在 $b[1] \sim b[m]$中存在某一个元素等于 d，则特征量 u 值增 1。

最后，若 $u=s$，则说明从 1 至尺长 s 的每个整数 d 都有一个 $b[i]$与之相对应，即达到完全度量，于是打印出直尺的 n 条刻度分布位置。

3. 参考程序

```
#include "stdio.h"
void ruler(int s,int n)
{
    int d,i,j,k,t,u,m,a[30],b[300];
    a[0]=0;
    a[1]=1;
    a[n+1]=s;
    m=(n+2)*(n+1)/2;
    i=2;
    a[i]=2;
    while(1)
    {
        if(i<n)
```

```
        {
            i++;
            a[i]=a[i-1]+1;
            continue;
        }
        else
        {
            for(t=0,k=0; k<=n; k++)
                for(j=k+1; j<=n+1; j++)    /*序列部分和赋值给 b 数组*/
                {
                    t++;
                    b[t]=a[j]-a[k];
                }
            for(u=0,d=1; d<=s; d++)
                for(k=1; k<=m; k++)
                    if(b[k]==d)
                    {
                        u+=1;
                        k=m;
                    }                      /* 检验 b 数组取 1~s 有多少个*/
          if(u==s)                         /* b 数组值包括 1~s 所有整数 */
              if(((a[n]!=s-1)||(a[n]==s-1))&&(a[2]<=s-a[n-1]))
                  for(k=1; k<n+1; k++)  /*输出尺的数字标注*/
                      printf("%d ",a[k]);
        }
        while(a[i]==s-(n+1)+i)            /*调整或回溯*/
            i--;
        if(i>1)
            a[i]++;
        else
            break;
    }
}
int main()
{
    ruler(36,8);
    return 0;
}
```

9.2.6 素数环问题

（题目来源：JLOJ2379）

1. 问题描述

【Description】

把前 n 个正整数摆成一个环，如果环中所有相邻的两个数之和都是一个素数，则该环

称为一个 n 项素数环。对于指定的 n，输出所有不同的 n 项素数环的个数。

【Input】

多组测试数据，每组包括一个正整数 n（$1<n<20$）。

【Output】

每个 n 输出环的个数，要求环的第一个数字是 1，如果没有解，则输出 0。

【Sample Input】

4

【Sample Output】

2

2. 问题分析

下面用回溯法求解素数环问题。

需要定义两个数组：

数组 $b[]$：若 k 在 3～$2n$ 范围内，且为素数，则置 $b[k]=1$，否则 $b[k]=0$。

数组 $a[]$：在前 n 个正整数中取值。为避免重复，约定第 1 个数 $a[1]=1$。

在永真循环中，i 从 2 开始至 n 递增，$a[i]$从 2 开始至 n 递增取值。

（1）判断数组元素 $a[i]$的取值是否可行，可设置标志 $t=1$；然后进行判断：

① 若 $a[j]=a[i]$（$j=1, 2, \cdots, i-1$），即 $a[i]$与前面的 $a[j]$相同，$a[i]$取值不行，则标注 $t=0$；

② 若 $b[a[i]+a[i-1]]!=1$，即所取 $a[i]$与其前一项之和不是素数，则标注 $t=0$。

（2）若判断后保持 $t=1$，说明 $a[i]$取值可行。此时，若 i 已取到 n，且 $b[a[n]+1]=1$，即首尾项之和也是素数，则打印输出一个解。若 $i<n$，则 i++; $a[i]=2$; 即继续，下一元素从 2 开始取值。

（3）若 $a[i]$已取到 n，再不可能往后取值，即回溯 i--。回溯至前一个元素，$a[i]$++继续增值。

最后回溯至 $i=1$，完成所有向前探索，循环结束。

3. 参考程序

```
#include "stdio.h"
#include "math.h"
int cycle(int n)
{
   int t,i,j,k,s,a[2000],b[1000];
   for(k=1;k<=2*n;k++)
      b[k]=0;
   for(k=3;k<=2*n;k+=2)
   {
      for(t=0,j=3;j<=sqrt(k);j+=2)
         if(k%j==0)
         {
```

```
                t=1;
                break;
            }
         if(t==0)
            b[k]=1;                  /* 奇数 k 为素数的标记  */
    }
    a[1]=1;
    s=0;
    i=2;
    a[i]=2;
    while(1)
    {
        t=1;
        for(j=1;j<i;j++)             /* 出现相同元素或两数和不是素数时返回 */
            if(a[j]==a[i]||b[a[i]+a[i-1]]!=1)
            {
                t=0;
                break;
            }
        if(t && i==n && b[a[n]+1]==1)
            s++;
        if(t && i<n)
        {
            i++;
            a[i]=2;
            continue;
        }
        while(a[i]==n)
        i--;                         /* 实施回溯  */
        if(i>1)
            a[i]++;
        else
            break;
    }
    return(s);
}
void main()
{
    int n;
    scanf("%d",&n);
    printf("%d",cycle(n));
}
```

9.2.7 伯努利装错信封问题

（题目来源：JLOJ2380）

1. 问题描述

【Description】

某人写了 n 封信，这 n 封信对应有 n 个信封。求把所有的信都装错了信封的情况共有多少种？

【Input】

输入数据包含多个测试实例，每个测试实例占一行，每行包含一个正整数 n（$2<n\leqslant 20$）。

【Output】

对于每行输入，请输出可能的错误方式的数量，每个实例的输出占一行。

【Sample Input】

2

3

【Sample Output】

1

2

2. 问题分析

这是组合数学中有名的错位问题。著名数学家伯努利（Bernoulli）曾最先考虑此题。后来，欧拉对此题产生了兴趣，称此题是“组合理论的一个妙题”，独立地解出了此题。

为叙述方便，把某一元素在自己相应位置（如“2”在第 2 个位置）称为在自然位；某一元素不在自己相应位置称为错位。

事实上，全排列分为 3 类：

（1）所有元素都在自然位，实际上只有一个排列。当 n=5 时，即 12345。

（2）所有元素都错位。当 n=5 时，如 24513。

（3）部分元素在自然位，部分元素错位。当 n=5 时，如 21354。

装错信封问题求解实际上是求 n 个元素全排列中的“每一元素都错位”的子集。

当 n=2 时，显然只有一个解：21（“2”不在第 2 个位置，且“1”不在第 1 个位置）。

当 n=3 时，有 231 和 312 两个解。

一般地，可在实现排列过程中加上“限制取位”的条件。

设置一维数组 a[]。$a[i]$在 1～n 中取值，出现数字相同 $a[j]$=$a[i]$或元素在自然位 j=$a[j]$时返回（j=1, 2, …, n–1）。

当 i<n 时，还未取 n 个数，i 增 1 后 $a[i]$=1 继续；

当 i=n 且最后一个元素不在自然位 $a[n]$!=n 时，输出一个错位排列，并设置变量 s 统计错位排列的个数。

当 $a[i]$<n 时，$a[i]$增 1 继续。

当 $a[i]=n$ 时，回溯或调整，直到 $i=1$ 且 $a[1]=n$ 时结束。

3. 参考程序

```
#include "stdio.h"
int bernoulli(int n)
{
    int i,j,t,a[30];
    int s=0;
    i=1;
    a[i]=1;
    while(1)
    {
        t=1;
        for(j=1;j<i;j++)
        if(a[j]==a[i]||a[j]==j)        /* 出现相同元素或元素在自然位时返回*/
        {
            t=0;
            break;
        }
        if(t && i==n && a[n]!=n)       /* 加上最后一个元素错位限制  */
        {
            s++;
            for(j=1;j<=n;j++)
                printf("%d",a[j]);
            printf(" ");
            if(s%5==0) printf("\n");
        }
        if(t && i<n)
        {
            i++;
            a[i]=1;
            continue;
        }
        while(a[i]==n)
            i--;                        /* 调整或回溯 */
        if(i>0)
            a[i]++;
        else
        break;
    }
    return(s);
}
void main()
{
```

```
    int n,sum;
    scanf("%d",&n);
    sum=bernoulli(n);
    printf("%d\n",sum);
}
```

9.3 实战训练

9.3.1 排列问题

（***题目来源***：JLOJ2506）

【Description】

输出自然数 1～n 所有不重复的排列，即 n 的全排列。

【Input】

输入一个整数 n（1≤n≤10）。

【Output】

输出 n 的全排列。

【Sample Input】

3

【Sample Output】

123

132

213

231

312

321

9.3.2 低逐位整除数

（***题目来源***：JLOJ2507）

【Description】

所谓 n 位低逐位整除数，是指该数最低位能被 1 整除，后 2 位能被 2 整除，后 3 位能被 3 整除……该数本身能被 n 整除。试求出所有最高位为 m 的 n 位低逐位整除数（除个位数字为“0”外，其余各位数字均不得为“0”）的个数。

【Input】

多组测试数据，每组包括两个整数 m、n（1≤m≤9，1≤n≤25）。

【Output】

所有最高位为 m 的 n 位低逐位整除数（除个位数字为“0”外，其余各位数字均不得为“0”）的个数。

【Sample Input】

3 24

【Sample Output】

529727

9.3.3 子集问题

（题目来源：JLOJ2508）

【Description】

设计一个回溯算法，来生成数字 1, 2, …, n 的所有 2^n-1 个子集（不包括空集）。

【Input】

输入一个数字 n（$1 \leqslant n \leqslant 10$）。

【Output】

所有满足这个要求的各种子集。

【Sample Input】

3

【Sample Output】

1
1 2
1 2 3
1 3
2
2 3
3

9.3.4 旅行售货员问题

（题目来源：JLOJ2509）

【Description】

某售货员要到若干个城市推销商品，已知各城市之间的路程（或旅费），他要选定一条从驻地出发，经过每个城市一遍最后回到驻地的路线，使总的路线（或总的旅费）最短。

【Input】

输入的第一行为测试样例的个数 T，接下来有 T 个测试样例。每个测试样例的第一行是无向图的顶点数 n、边数 m（$n < 12$，$m < 100$），接下来 m 行，每行 3 个整数 u、v 和 w，表示顶点 u 和 v 之间有一条权值为 w 的边相连。（$1 \leqslant u < v \leqslant n$，$w \leqslant 1000$）。假设起点（驻地）为 1 号顶点。

【Output】

每个测试样例对应输出一行，格式为"Case #: W"，其中"#"表示第几个测试样例（从 1 开始计），W 为 TSP（旅行商问题）的最优解，如果找不到可行方案，则输出–1。

【Sample Input】

2

5 8
1 2 5
1 4 7
1 5 9
2 3 10
2 4 3
2 5 6
3 4 8
4 5 4
3 1
1 2 10

【Sample Output】

Case 1: 36
Case 2: –1

9.3.5 两组均分问题

（**题目来源**：JLOJ2510）

【Description】

有 2×n 个同学参加拔河比赛。为使比赛公平，要求参赛的同学分为两组，且每组同学的体重之和相等。请设计算法，解决这个两组均分问题。

【Input】

输入一个整数 n（1≤n≤20）。
第二行有 2×n 个数，表示参赛同学的体重。

【Output】

所有符合要求的分组（分组后的相对位置保持不变）。

【Sample Input】

6
48 43 57 64 50 52 18 34 39 56 16 61

【Sample Output】

48 43 57 64 18 39 50 52 34 56 16 61
48 57 64 50 34 16 43 52 18 39 56 61
48 64 50 52 39 16 43 57 18 34 56 61
48 52 18 34 56 61 43 57 64 50 39 16

9.3.6 组合数问题

（**题目来源**：JLOJ2511）

【Description】

设计回溯实现从 n 个不同元素中取 m 个（约定 1＜m≤n）的组合 $C(n, m)$。

【Input】

输入两个正整数 n、m（$1<m\leq n\leq 10$）。

【Output】

输出 $C(n,m)$的组合数。

【Sample Input】

6 3

【Sample Output】

20

9.3.7 运动员最佳配对问题

（题目来源：JLOJ2512）

【Description】

羽毛球队有男女运动员各 n 人。给定 2 个 $n\times n$ 的矩阵 $\boldsymbol{P}$ 和 $\boldsymbol{Q}$。$\boldsymbol{P}[i][j]$是男运动员 i 和女运动员 j 配对组成混合双打的男运动员竞赛优势；$\boldsymbol{Q}[i][j]$是女运动员 i 和男运动员 j 配合的女运动员竞赛优势。由于技术配合和心理状态等各种因素的影响，$\boldsymbol{P}[i][j]$不一定等于 $\boldsymbol{Q}[j][i]$。男运动员 i 和女运动员 j 配对组成混合双打的男女双方竞赛优势为 $\boldsymbol{P}[i][j]\times\boldsymbol{Q}[j][i]$。设计一个算法，计算男女运动员最佳配对法，使各组男女双方竞赛优势的总和达到最大。

【Input】

第一行有 1 个正整数 n（$1\leq n\leq 10$）。

接下来的 $2n$ 行，每行 n 个数。前 n 行是 $\boldsymbol{P}$，后 n 行是 $\boldsymbol{Q}$。

【Output】

输出男女双方竞赛优势的总和的最大值。

【Sample Input】

```
 3
10  2  3
 2  3  4
 3  4  5
 2  2  2
 3  5  3
 4  5  1
```

【Sample Output】

52

9.3.8 任务最佳调度问题

（题目来源：JLOJ2513）

【Description】

假设有 n 个任务由 k 个可并行工作的机器完成。完成任务 i 需要的时间为 t_i。试设计一个算法，找出完成这 n 个任务的最佳调度，使得完成全部任务的时间最早。对任意给定的

整数 n 和 k，以及完成任务 i 需要的时间为 t_i，i=1～n。编程计算完成这 n 个任务的最佳调度。

【Input】

第一行有 2 个正整数 n 和 k。第 2 行的 n 个正整数是完成 n 个任务需要的时间。

【Output】

输出计算出的完成全部任务的最早时间。

【Sample Input】

7_ _3

2_ _14_ _4_ _16_ _6_ _5_ _3

【Sample Output】

17

9.3.9 迷宫问题

（题目来源：JLOJ2514）

【Description】

500 年前，Jesse 是某国最卓越的剑客。他英俊潇洒，而且机智过人。有一天，Jesse 心爱的公主被魔王困在一个巨大的迷宫中。Jesse 听到这个消息已经是两天后了，他知道公主在迷宫中还能坚持 T 天，他急忙赶到迷宫，开始到处寻找公主。几天过去，Jesse 还是无法找到公主。最后，当 Jesse 找到公主的时候，美丽的公主已经死了，从此 Jesse 郁郁寡欢，茶饭不思，一年后追随公主而去。500 年后的今天，Jesse 托梦给你，希望你帮他判断一下当年他是否有机会在给定的时间内找到公主。

现他会为你提供迷宫的地图以及所剩的时间 T，请判断他是否能救出心爱的公主。

【Input】

题目包括多组测试数据。每组测试数据以 3 个整数 n、m、t（$0<n, m\leqslant 20, t>0$）开头，分别代表迷宫的长和高，以及公主能坚持的天数。紧接着有 m 行、n 列字符，由“.”“*”“P”“S”组成。其中“.”代表能够行走的空地，“*”代表墙壁，Jesse 不能从此通过。“P”是公主所在的位置，“S”是 Jesse 的起始位置。每个时间段里 Jesse 只能选择“上、下、左、右”任意一个方向走一步。 输入以 0 0 0 结束。

【Output】

如果能在规定时间内救出公主输出“Yes”，否则输出“No”。

【Sample Input】

```
4 4 10
....
....
....
S**P
0 0 0
```

【Sample Output】

Yes

9.3.10 背包问题

（题目来源：JLOJ2515）

【Description】

设有一个背包可以放入的物品重量为 S，现有 n 件物品，重量分别是 w_1，w_2，w_3，… w_n。问能否从这 n 件物品中选择若干件放入背包中，使得放入的重量之和正好为 S。如果有满足条件的选择，则此背包问题有解，否则此背包问题无解。

【Input】

输入数据有多行，包括放入的物品重量为 S，物品的件数 n，以及每件物品的重量（输入数据均为正整数）。

【Output】

对于每个测试实例，若满足条件，则输出 Yes；若不满足，则输出 No。

【Sample Input】

```
20 5
1 3 5 7 9
```

【Sample Output】

Yes

9.3.11 翻币问题

（题目来源：JLOJ2516）

【Description】

有 N 个硬币（$11<N\leqslant 100$），正面向上排成一排，每次必须翻 5 个硬币，直到全部反面向上。

【Input】

每组测试数据包含一个整数 N。

【Output】

输出一组合理的翻币变化过程，用“步数”表示出来，1 表示正面，0 表示反面。

【Sample Input】

14

【Sample Output】

```
0 11111111111111
1 00000111111111
2 00000000001111
3 11100000000011
4 00000000000000
```

9.3.12 最长滑雪问题

（*题目来源*：JLOJ2517）

【Description】

trs 喜欢滑雪。他来到一个滑雪场，这个滑雪场是一个矩形，为了简便，我们用 r 行 c 列的矩阵来表示每块地形。为了得到更快的速度，滑行的路线必须向下倾斜。例如样例中的那个矩形，可以从某个点滑向上、下、左、右 4 个相邻的点之一。例如 24-17-16-1，其实 25-24-23-…-3-2-1 更长，事实上这是最长的一条。

【Input】

第 1 行：两个数字 r、c（$1 \leqslant r, c \leqslant 100$），表示矩阵的行和列；

第 2 行到第 r+1 行：每行 c 个数，表示这个矩阵。

【Output】

输出 1 个整数，表示可以滑行的最大长度。

【Sample Input】

```
 5   5
 1   2   3   4   5
16  17  18  19   6
15  24  25  20   7
14  23  22  21   8
13  12  11  10   9
```

【Sample Output】

```
25
```

9.3.13 流水线作业调度问题

（*题目来源*：JLOJ2518）

【Description】

n 个作业{1, 2, …, n}要在由两台机器 M_1 和 M_2 组成的流水线上完成加工。每个作业加工的顺序都是先在 M_1 上加工，然后在 M_2 上加工。M_1 和 M_2 加工作业 i 所需的时间分别为 a_i 和 b_i，$1 \leqslant i \leqslant n$。流水作业调度问题要求确定这 n 个作业的最优加工顺序，使得从第一个作业在机器 M_1 上开始加工，到最后一个作业在机器 M_2 上加工完成所需的时间最少。作业在机器 M_1、M_2 中的加工顺序相同。

【Input】

输入包括若干测试用例，每个用例的输入格式为：

第 1 行为一个整数，代表任务数 n，当 n 为 0 时表示任务结束；

第 2 行至第 n+1 行每行 2 个整数，代表任务在 M_1、M_2 上需要的时间。

【Output】

输出一个整数，代表执行 n 个任务的最短时间。

【Sample Input】

6
2 5
7 3
6 2
4 7
6 9
8 2
0

【Sample Output】

35

9.3.14 组合三角形问题

（题目来源：JLOJ2519）

【Description】

由 m 个“+”和 n 个“–”组成的符号三角形，2 个同号下面都是“+”，2 个异号下面都是“–”。一般情况下，符号三角形的第一行有 n 个符号，符号三角形问题要求对于给定的 n，计算有多少个不同的符号三角形，使其所含的“+”和“–”的个数相同。

【Input】

每组测试数据包括两个整数 m、n，若 m=0 并且 n=0，则输入结束。

【Output】

如果能组成三角形，则输出符号三角形的数量，否则输出–1。

【Sample Input】

2 1
1 2
0 0

【Sample Output】

3
–1

9.3.15 情侣排列问题

（题目来源：JLOJ2520）

【Description】

编号分别为 1,2，…，8 的 8 对情侣参加聚会后拍照。主持人要求这 8 对情侣共 16 人排成一横排，别出心裁规定每队情侣男左女右且不得相邻：编号为 1 的情侣之间有 1 个人，编号为 2 的情侣之间有 2 个人……编号为 8 的情侣之间有 8 个人，并且规定，左端编号小于右端。问所有满足以上要求的不同拍照排队方式共有多少种？输出其中排左端为 1 同时排右端为 8 的排队方式。试对一般 n 对情侣拍照排列进行设计。例如，n=3 时的一种拍照排队为“231213”。

【Input】

输入一个整数 n（$1<n\leq 8$）。

【Output】

输出排队方式种类的数量。

【Sample Input】

3

【Sample Output】

2

9.4 小　　结

本章应用回溯法设计求解了著名的八皇后问题、桥本分数式数学问题、新颖的素数环问题，直尺刻度分布趣题，也求解了伯努利装错信封的组合问题。可见，回溯法的应用非常广泛，适用于求解组合数较大的问题。

回溯法有“通用解题法”之美称，是一种比穷举法更“聪明”的搜索技术，在搜索过程中动态地产生问题的解空间，系统地搜索问题的所有解。当搜索到解空间树的任一结点时，判断该结点是否包含问题的解。如果该结点肯定不包含，则“碰壁回头”，跳过以该结点为根的子树的搜索，逐层向其祖先结点回溯，这可大大缩减无效操作，提高搜索效率。因此，结合具体案例的实际设计合适的回溯点是应用回溯法的关键所在。

回溯求解过程实质上是遍历一棵“状态树”的过程，只要激活的状态结点满足终结条件，就应该把它输出或保存。由于在回溯法求解问题时，一般要求输出问题的所有解，因此在得到并输出一个解后并不终止，还要进行回溯，以便得到问题的其他解，直至回溯到状态树的根且根的所有子结点均已被搜索过为止。

值得注意的是，递归具有回溯的功能，很多问题应用递归回溯可探索出问题的所有解。例如，在求解桥本分数式中既用了回溯法，也应用了递归求解，请认真比较二者之间的关联。尽管递归的效率不高，但递归设计的简明是一般回溯设计所不及的。

第10章 构　造　法

10.1　算法设计思想

构造法是通过构造数学模型或方法解决问题的。解题时，通过对条件和结论的分析，构造辅助元素，它可以是一个图形、一个方程（组）、一个等式、一个函数、一个等价命题等。架起一座连接条件和结论的桥梁，从而使问题得以解决，这种解题方法称为构造法。

构造法解题的类型有：

（1）数学建模：通过使用经典的数学思想建立起模型，或者提取现实世界中的有效信息，用简明的方式表达其规律。简单的模型可以是一个代数公式、一幅几何图形、一个物理原理、一个化学方程式等；复杂的模型可能涉及图论、组合数学和动态规划等。

累加是程序设计中最常见的问题，如计算 π 值；求某班级学生考试的总平均分；求某单位职工的所有工资的总和等。累加是指在一个值的基础上重复加上其他值，典型的应用有求和、计数（统计出现的次数）等。其对应的数学模型是累加式：$S=S+T$，其中，变量 S 是累加器，一般初值取 0；T 为每次的累加项，通过累加项 T 的不断变化，将所有的 T 值都累加到累加器 S 中。

对于复杂问题，如平面分割问题，则需要组合数学模型；求第 K 大的数，其模型对应快速排序的改进。

（2）直接构造法：直接对目标对象进行考察的构造方法。这是构造法运用的一种简单类型。其过程是首先对目标对象进行观察，发现一般性的规律，然后加以概括总结，并运用到构造中。探索是直接构造法的灵魂，需要解题者在事物中寻找一般性规律，并结合目标不断地调整，甚至改变方案，直至实现构造。

例如，棋盘遍历问题、比赛日程表等均可使用直接构造法。

数学建模通常需要考虑如下因素。

（1）选择的模型必须尽量多地体现问题的本质特征，但这并不意味着模型越复杂越好，太过复杂的模型会影响算法的效率。

（2）模型的建立不是一个一蹴而就的过程，而是要经过反复检验和修改，并在实践中不断完善。

（3）数学模型通常有严格的格式，但程序的编写可不拘一格。

在建模过程中经常使用如下策略。

（1）对应策略：将问题 A 对应另一个便于思考或有求解方法的问题 B，即化繁为简，变未知为已知。

（2）分治策略：将问题的规模逐渐变小，可降低问题的复杂度。

（3）归纳策略：是通过列举试题本身的特殊情况，经过深入分析，最后概括出事物内在的一般规律，并得到一种有效的解题模型。

（4）模拟策略：模拟某个过程，通过改变数学模型的各种参数，进而观察由参数变化引起的过程状态变化，展开算法设计。

构造法解题的一般步骤如下：

（1）审题：是解决问题的前提，即弄清楚哪些量是已知的，需要求什么，以及它们之间的关系等。

（2）建模：建立一个能够简洁地表达出问题原型本质的模型。

（3）分析和解决模型：分析模型的正确性。如果模型正确，则转入步骤（4）设计算法解决模型；如果模型有误，则转入步骤（1）重新审题。

（4）编程实现。

10.2 典型例题

10.2.1 计算 π 值

（**题目来源**：JLOJ2381）

1. 问题描述

【Description】

计算 π 的近似值，利用公式：$\pi/4=1-1/3+1/5-1/7+\cdots+(-1)^{n+1}/(2\times n-1)$，要求输入项数 n，求 π 的值。

【Input】

输入正整数 n。

【Output】

输出 π 的值，结果保留 6 位小数。

【Sample Input】

200

【Sample Output】

3.131593

2. 问题分析

这是求 π 值的近似值方法中的一种。该问题可用多种算法来实现。下面通过构造法来解本问题。把等式右面看作是累加求代数和，因为有正项和负项，并且是正负相间，这可以通过分子–1 的幂次方来表示。编程时可以通过设置符号位 f 来实现，首先设 f 的初值为 1，然后反复执行 $f=-f$ 即可；而分母是奇数，变化比较简单。通过上面的分析，使用循环结构可以解决该问题，最后不要忘记这是 π/4，需要将结果乘以 4。

3. 参考程序

```
#include<stdio.h>
double fun(int n)
{
    double s=0,t;
    int f=1,i;
    for(i=1;i<=n;i+=2)
    {
        t=1.0*f/i;                    /* 累加项 */
        s+=t;                         /* 求和 */
        f=-f;                         /* 符号位，处理符号 */
    }
    return 4*s;
}
int main()
{
    double s;
    int m;
    scanf("%d",&m);
    s=fun(m);
    printf("%f\n",s);
}
```

10.2.2 求 *n* 的阶乘

（题目来源：JLOJ2382）

1. 问题描述

【Description】

求整数 n 的阶乘。n 的阶乘是指从 1 到 n 的乘积，即 $n!=1\times2\times3\times\cdots\times n$，$n$ 由键盘输入，n 为正整数。

【Input】

输入一个正整数 n（$0<n<14$）。

【Output】

输出 n 的阶乘的结果。

【Sample Input】

12

【Sample Output】

479001600

2. 问题分析

该问题可以用构造法实现，即构造累乘求积模型 $p=p\times t$；变量 p 的初始值为 1，t 由 1

变化到 n。因为 n 较大时，阶乘可能超出整型范围而导致溢出，所以可以将累乘积变量 p 设为 double 或 float 型。

3. 参考程序

```
#include<stdio.h>
int main()
{
    int n,i;
    long p=1;
    scanf("%d",&n);
    for(i=1;i<=n;i++){
        p=p*i;
    }
    printf("%ld\n",p);
    return 0;
}
```

10.2.3 求第 k 大的数

（题目来源：JLOJ2383）

1. 问题描述

【Description】

已知 n 个数字各不相同，试问其中第 k 大的数是多少。

【Input】

第一行输入 n 和 k;

第二行输入 n 个不相同的数。

【Output】

输出第 k 大的数。

【Sample Input】

```
10 4
 1 6 3 2 5 4 7 8 9 0
```

【Sample Output】

```
6
```

2. 问题分析

依题意，可以用常用的快速排序模型来解决，即对所有的数字进行降序排列，然后取出第 k 个元素，即为第 k 大的数，该算法的复杂度为 $O(n\log n)$。那么，有没有其他方法呢？信息原型毕竟有它独特的属性：求第 k 大的数不需要对全部数据进行排序，将这个独特的属性考虑到快速排序中。

因为快速排序每次将数组划分为两组加一个枢纽元素（划分控制元素），每趟划分只需要将 k 与枢纽元素的下标进行比较，如果比枢纽元素下标大，就从左边的子区间中找；如果比枢纽元素下标小，就从右边的子区间中找；如果与枢纽元素下标一样，则就是枢纽元素。如果需要从左边或者右边的子区间中再查找的话，只递归一边查找即可，无须像快速排序一样两边都需要递归。

3. 参考程序

```
#include <stdio.h>
int Sort(int *a, int low, int high)
{
    int pivot = a[low];
    if(low < high)
    {
        while(a[high] <= pivot && low < high)
            high --;
        a[low] = a[high];
        while(a[low] >= pivot && low <high)
            low ++;
        a[high] = a[low];
    }
    a[low] = pivot;
    return low;
}
int QuickSortkMax(int *a, int low, int high, int k)
{
    if(low >= high)
        return a[low];
    else
    {
        int mid = Sort(a,low,high);
        if(mid > k)
            QuickSortkMax(a,low,mid-1,k);
        else if(mid < k)
            QuickSortkMax(a,mid+1,high,k);
        else
            return a[mid];
    }
}
int main()
{
    int n,k,i;
    int a[500];
    scanf("%d%d",&n,&k);
    for(i=0;i<n;i++){
    scanf("%d",&a[i]);
    }
```

```
    printf("%d",QuickSortkMax(a,0,n-1,k-1));
    return 0;
}
```

10.2.4　比赛日程表

（题目来源：JLOJ2384）

1. 问题描述

【Description】

有 2^m 个选手，每天安排若干场比赛，且每个选手每天仅参加一场比赛，试给出一种赛程安排表，使得 2^m-1 天内任意两个选手都至少比赛过一场。

【Input】

输入 m，代表 2^m 个人参加比赛。

【Output】

输出比赛的日程表。

【Sample Input】

2

【Sample Output】

1　2　3　4
2　1　4　3
3　4　1　2
4　3　2　1

2. 问题分析

按照上面的比赛要求，可以将比赛日程表设计成一个 n 行 $n-1$ 列的二维表，其中第 i 行第 j 列的元素表示和第 i 个选手在第 j 天比赛的对手编号。

采用构造法，当 m=1 时，表示只有两个选手参加比赛，比赛日程表如下：

1	2
2	1

当 m=2 时，有 4 个选手参加比赛，比赛日程表如下：

1	2	3	4
2	1	4	3
3	4	1	2
4	3	2	1

观察两个表不难发现：第二个表的左上角和右下角与第一个表相同；第二个表的左下角和右上角相同，恰好是第一个表各元素值加 2。因此，可以通过第一个表来构造第二个表。

同理，当 $n=2^m$ 个选手的比赛日程表，就可以通过 $n=2^{m-1}$ 个选手的比赛日程表来构造。构造方法如下（比赛日程表可以看作由 4 部分组成）：

（1）求左上角子表：左上角子表是前 2^{m-1} 个选手的比赛前半程的比赛日程表。

（2）求左下角子表：左下角子表是剩余的 2^{m-1} 个选手的比赛前半程比赛日程。这个子表和左上角子表的对应关系是：对应元素等于左上角子表对应元素加 m。

（3）求右上角子表：等于左下角子表的对应元素。

（4）求右下角子表：等于左上角子表的对应元素。

3. 参考程序

```
#include "stdio.h"
void table(int k)
{
    int a[100][100];
    int n=1,temp,i,j,t;
    a[1][1]=1;                                  /* 初始值 */
    for(t=0;t<k;t++)
    {
        temp=n;n=n*2;
        for(i=temp+1;i<=n;i++)                  /* 求左下角 */
            for(j=1;j<=temp;j++)
                a[i][j]=a[i-temp][j]+temp;
        for(i=1;i<=temp;i++)                    /* 求右上角 */
            for(j=temp+1;j<=n;j++)
                a[i][j]=a[i+temp][(j+temp)%n];
        for(i=temp+1;i<=n;i++)                  /* 求右下角 */
            for(j=temp+1;j<=n;j++)
                a[i][j]=a[i-temp][j-temp];
    }
    for(i=1;i<=n;i++)                           /* 输出比赛日程表 */
    {
        printf("\n");
        for(j=1;j<=n;j++)
            printf(" %d ",a[i][j]);
    }
}
void main()
{
    int m;
    scanf("%d",&m);
    if(m>0)
        table(m);
}
```

10.2.5　奇数阶魔方

（题目来源：JLOJ2385）

1. 问题描述

【Description】

一个 n 阶方阵的元素是 1, 2, ⋯, n^2，它的每行、每列和 2 条对角线上元素的和相等，这样的方阵叫魔方。n 为奇数时有 1 种构造方法，叫作“右上方”。例如，下面是 n=3 和 n=5 时的魔方。

```
 3
 8   1   6
 3   5   7
 4   9   2
 5
17  24   1   8  15
23   5   7  14  16
 4   6  13  20  22
10  12  19  21   3
11  18  25   2   9
```

第 1 行中间的数总是 1，最后一行中间的数是 n^2，它的右边是 2。从这两个魔方可看出“右上方”是何意。

【Input】

第一行输入 T，表示有 T 组测试数据。

第二行输入 T 个正整数 n（3≤n≤19），n 是奇数。

【Output】

对于每组数据，输出 n 阶魔方，每个数占 4 格，右对齐。

【Sample Input】

```
2
3 5
```

【Sample Output】

```
   8   1   6
   3   5   7
   4   9   2
  17  24   1   8  15
  23   5   7  14  16
   4   6  13  20  22
  10  12  19  21   3
  11  18  25   2   9
```

2. 问题分析

这是一个典型的构造题，需要观察规律，构造出对应的 n 阶魔方。定“奇数阶魔方阵”的关键是要按要求决定其方阵中的各个数字。观察给出的例子中的 3 个奇数阶魔方阵，不难发现：

（1）由于是正规魔方，故填入的 n^2 个不同整数依次为 1，2，3，…，n^2。

（2）各行、列和对角线上的数字虽各不相同，但其和却是相同的。这表明，其魔方常数可由公式 $n(n^2+1)/2$ 得到。

（3）数字在阵列中的次序并没有遵从阵列单元的行、列下标的顺序，但数字 1 却始终出现在阵列第一行的正中间位置，而数字 n^2 也始终出现在阵列第 n 行的正中间位置，这说明阵列中的数字排列是有一定规律的。

通过对奇数阶魔方阵的分析，其中的数字排列有如下规律：

（1）自然数 1 出现在第一行的正中间。

（2）若填入的数字在第一行（不在第 n 列），则下一个数字在第 n 行（最后一行），且列数加 1（列数右移一列）。

（3）若填入的数字在该行的最右侧，则下一个数字就填在上一行的最左侧。

（4）一般地，下一个数字在前一个数字的右上方（行数少 1，列数加 1）。

（5）若应填的地方已经有数字或在方阵外，则下一个数字就填在前一个数字的下方（一般地，n 的倍数的下一个数字在该数的下方）。

3. 参考程序

```
#include <stdio.h>
#include <string.h>
int main()
{
    int u;
    int x,y,n,i,j;
    int num[22][22];
    scanf ("%d",&u);
    while(u--)
    {
        scanf("%d",&n);
        memset(num,-1,sizeof(num));
        x=1;
        y=n/2 + 1;
        for(i=1;i<=n*n;i++)
        {
            num[x][y]=i;
            x--;                          /*依次斜上*/
            y++;
            if(x==0&&y==n+1)
            {
                x+=2;
```

```
                y--;
            }
            else if(num[x][y]!=-1)
            {
                x+=2;
                y--;
            }
            else if(x==0&&y!=n+1)
            {
                x = n;
            }
            else if(x!=0&&y==n+1)
            {
                y=1;
            }
        }
        for(i=1;i<=n;i++)
        {
            for(j=1;j<=n;j++)
            {
                printf("%4d",num[i][j]);
            }
        }
    }
    return 0;
}
```

10.2.6　二叉树操作

（**题目来源**：JLOJ2386）

1. 问题描述

【Description】

有一棵 n 个结点的完全二叉树，结点编号 id 是根结点为 1，左孩子为 $2i$，右孩子为 $2i+1$。给定一个整数 x，初始值为 0，从根结点出发，每到一个结点选择用 x 减去该结点的 id 或者加上 id，然后继续遍历左子树或者右子树，每次加或减算一次操作，问如何在进行 k 次操作后，使得 $x == n$。

【Input】

第一行包含一个整数 T，表明接下来有 T 个测试实例。每个测试实例有两个整数 n、k。$1 \leqslant T \leqslant 100$，$1 \leqslant n \leqslant 10^9$，$n \leqslant 2^k \leqslant 2^{60}$。

【Output】

每个测试实例输出 “Case #x:”，x 从 1 开始，表示实例的顺序；

接下来有 k 行，每行前面表示选择的结点 id，后面表示是进行“+”操作，还是进行“–”

操作；

此题保证有解，如果有多个解，输出任意一个解即可。

【Sample Input】

2
5 3
10 4

【Sample Output】

Case #1:
1 +
3 –
7 +
Case #2:
1 +
3 +
6 –
12 +

2. 问题分析

首先明确由 1，2，4，…，2^k 可以构造出所有小于 2^{k+1} 的数，那么实际上只要走 2 的幂次（即最左边的结点）即可。

这样，这个过程就可以用整数的二进制表示法进行构造，1 表示加，0 表示减，如果该位为 0，就意味着在 $2^{k+1}-1$ 的基础上减去了二倍该位代表的数，所以我们求出 n 与 $2^{k+1}-1$ 的差，将差的一半的二进制中为 1 的位置为 0 即可。

注意，偶数时，差为奇数，那么将差多加一个一，让最后一步走右边的结点（即加一）即可。

3. 参考程序

```
#include <stdio.h>
int main (void)
{
    int t,n,k,i;
    int cnt = 0,flg;
    long all,res,tmp;
    scanf("%d",&t);
    while(t--){
        scanf("%d%d",&n,&k);
        cnt++;
        printf("Case # %d:\n",cnt);
        all = (2*(k+1))-1;
        flg = 0;
        if(n % 2 == 0){flg = 1;n--;}
```

```
        res = (all - n) / 2;
        for(i = 0; i < k - 1; i++){
            tmp = 2*i;
            if(res&1)  printf("%lld -\n",tmp);
            else printf("%lld +\n",tmp);
            res = res/2;
        }
        tmp = 2*(k - 1);
        if(flg) printf("%lld +\n",tmp+1);
        else printf(" +\n");
    }
    return 0;
}
```

10.3　实战训练

10.3.1　自然数倒数求和

（题目来源：JLOJ2521）

【Description】

求：自然数倒数之和，即 $1+1/2+1/3+\cdots+1/n$，并输出结果。

【Input】

输入一个正整数 n（$1\leqslant n\leqslant 100$）。

【Output】

输出累加的和，保留 6 位小数。

【Sample Input】

10

【Sample Output】

2.928969

10.3.2　今夕是何日

（题目来源：JLOJ2522）

【Description】

输入一个年月日，格式如 2018/12/23，判断这一天是这一年的第几天。

【Input】

YYYY/MM/DD（代表年、月、日）。

【Output】

输出这一天是这一年的第几天。

【Sample Input】

2018/3/1

【Sample Output】

50

10.3.3 计算 e 值

（题目来源：JLOJ2523）

【Description】

按下面的公式计算 e 的值。

e=1+1/1!+1/2!+1/3!+…+1/n!　（要求 n<10）。

【Input】

输入正整数 n 的值。

【Output】

输出 e 的值，保留 6 位小数。

【Sample Input】

8

【Sample Output】

2.718279

10.3.4 自数

（题目来源：JLOJ2524）

【Description】

1949 年，印度数学家发现了一类称作自数（Self-Number）的数。对于每个正整数 n，我们定义 $d(n)$为 n 加上它每一位数字的和。例如，$d(75)$=75+7+5=87。给定任意正整数 n 作为一个起点，都能构造出一个无限递增的序列：n，$d(n)$，$d(d(n))$，$d(d(d(n)))$，… 例如，如果从 33 开始，下一个数是 33+3+3=39，再下一个数是 39+3+9=51，再再下一个数是 51+5+1=57，产生的序列为：33，39，51，57，69，84，96，111，114，120，123，129，141，…数字 n 被称作 $d(n)$的发生器。在上面这个序列中，33 是 39 的发生器，39 是 51 的发生器，51 是 57 的发生器等。

有些数有可能超过一个发生器，如 101 的发生器可以是 91 和 100。一个没有发生器的数被称作自数。如前 13 个自数为 1，3，5，7，9，20，31，42，53，64，75，86，97。我们将第 i 个自数表示为 $a[i]$，所以 $a[1]$=1，$a[2]$=3，$a[3]$=5，……

试求：第 n 个自数 $a[n]$的值。

【Input】

输入一个正整数 n（1≤n≤5000）。

【Output】

输出第 n 个自数 $a[n]$的值。

【Sample Input】

11

【Sample Output】

75

10.3.5 火星人

（题目来源：JLOJ2525）

【Description】

人类终于登上了火星的土地并且见到了神秘的火星人。但是，人类和火星人都无法理解对方的语言。科学家发明了一种用数字交流的方法，这种交流方法是这样的：首先，火星人把一个非常大的数字告诉人类科学家，科学家破解这个数字的含义后，其次把一个很小的数字加到这个大数上面，把结果告诉火星人，作为人类的回答。

火星人用一种非常简单的方式——掰手指来表示数字。火星人只有一只手，但这只手上有成千上万根手指，这些手指排成一列，分别编号为 1，2，3，…火星人的任意两根手指都能随意交换位置，他们就是通过这种方法计数的。

一个火星人用一个人类的手演示了如何用手指计数。如果把 5 根手指——拇指、食指、中指、无名指和小指分别编号为 1，2，3，4 和 5，当它们按正常顺序排列时，形成了 5 位数 12345，当交换无名指和小指的位置时，会形成 5 位数 12354，当把 5 个手指的顺序完全颠倒时，会形成 54321，在所有能够形成的 120 个 5 位数中，12345 最小，表示 1；12354 第二小，表示 2；54321 最大，表示 120。下面展示了只有 3 根手指时能够形成的 6 个 3 位数和它们代表的数字：

3 位数 123 132 213 231 312 321，分别代表的数字是 1 2 3 4 5 6。

现在你有幸成为第一个和火星人交流的地球人。一个火星人会让你看他的手指，科学家会告诉你要加上去的很小的数。你的任务是，把火星人用手指表示的数与科学家告诉你的数相加，并根据相加的结果改变火星人手指的排列顺序。输入数据，保证这个结果不会超出火星人手指能表示的范围。

【Input】

第一行是一个正整数 N，表示火星人手指的数目（$1 \leqslant N \leqslant 10000$）；

第二行是一个正整数 M，表示要加上去的小整数（$1 \leqslant M \leqslant 100$）；

第三行是 1～N 这 N 个整数的一个排列，用空格隔开，表示火星人手指的排列顺序。

【Output】

输出只有一行，这一行含有 N 个整数，表示改变后的火星人手指的排列顺序。每两个相邻的数中间用一个空格分开，不能有多余的空格。

【Sample Input】

5

3

1 2 3 4 5

【Sample Output】

1 2 4 5 3

10.3.6 整数平方后 9 位

（题目来源：JLOJ2526）

【Description】

在 N 位正整数中有多少个整数求平方的后 9 位是 987654321?（要求 $1 \leqslant N \leqslant 10000$）。

【Input】

输入一个正整数 N，表示整数的位数。

【Output】

输出满足条件的整数的个数。

【Sample Input】

9

【Sample Output】

8

10.3.7 构造等式

（题目来源：JLOJ2527）

【Description】

自然数 $1 \sim n$ 从左到右排列，在相邻两个数之间添加一个“+”或“−”，使所得式子的代数和等于自然数 k，$k \leqslant n(n+1)/2$，$n \leqslant 16$。

【Input】

输入正整数 n 和 k。

【Output】

输出所有成立的等式。

【Sample Input】

5 3

【Sample Output】

1−2+3−4+5=3

10.3.8 构造回文字符串

（题目来源：JLOJ2528）

【Description】

所谓回文字符串，就是一个字符串，从左向右读和从右向左读是完全一样的，如“aba”。要求：对给定的一个字符串，可在任意位置添加字符，最少再添加几个字符，可以使这个字符串成为回文字符串。

【Input】

第一行输入整数 N（$0<N<100$），表示已知的字符串个数。

接下来的 N 行，每行一个字符串，每个字符串的长度不超过 1000。

【Output】

每行输出所需添加的最少字符数。

【Sample Input】

1

Ab3bd

【Sample Output】

2

10.3.9 开灯问题

（*题目来源*：JLOJ2529）

【Description】

有 n 盏灯，编号为 1～n，第 1 个人把所有灯打开，第 2 个人按下所有编号为 2 的倍数的开关（这些灯将被关掉），第 3 个人按下所有编号为 3 的倍数的开关（其中关掉的灯将被打开，开着的灯将被关闭），以此类推。一共有 k 个人，问最后有哪些灯开着？输入 n 和 k，输出开着的灯编号，$k \leqslant n \leqslant 1000$。

【Input】

输入一组数据 n 和 k。

【Output】

输出开着的灯编号。

【Sample Input】

7 3

【Sample Output】

1 5 6 7

10.3.10 "1"的个数

（*题目来源*：JLOJ2530）

【Description】

小南刚学了二进制，他想知道一个十进制数的二进制表示中有多少个 1，请帮他写一个程序，来完成这个任务。

【Input】

第一行输入一个整数 N，表示测试数据的个数（$1<N<1000$）；

接下来输入 N 行，每行代表一个测试数据，每组一个数据，该数据是一个十进制整数 M（$0 \leqslant M \leqslant 10000$）。

【Output】

每组测试输出占一行，输出 M 的二进制表示中 1 的个数。

【Sample Input】

3

4

6

7

【Sample Output】

1

2

3

10.3.11 小明的烦恼

（题目来源：JLOJ2531）

【Description】

小明最近接到一个棘手的任务，他们公司有一个电话簿，但是这是一个奇怪的电话簿，因为它不是用数字记录电话号码，而是用数字键上对应的字母来记录电话号码(2-abc，3-def，4-ghi，5-jkl，6-mno，7-pqrs，8-tuv，9-wxyz)，电话号码只有11位。请帮小明写一个程序，把这些字母的电话号码转化成数字的电话号码。

【Input】

第一行输入一个正整数 T（$0<T\leqslant 100$），表示测试数据的组数，每组测试数据占一行，即一串字符（字符长度为11）。

【Output】

每组输出占一行，输出数字的电话号码。

【Sample Input】

3

phqghumeayl

nlfdxfircvs

cxggbwkfnqd

【Sample Output】

74744863295

65339347287

29442953673

10.3.12 乒乓球赛

（题目来源：JLOJ2532）

【Description】

某单位最近将举办一场乒乓球比赛，参赛人员有 2^n 个，分别编号为1到 2^n，他们的能力随着编号的增大而减小。能力强的人能打败比他能力弱的人，但能力弱的人有时超常发挥，则有可能打败排名在他之前的 k 个人（如，当 k=2 时，某人的编号为5，则他可打败编号为3和4的人）。比赛模式是先两两配对，进行比赛后淘汰一半人，然后重复以上步骤，直到选出冠军。问现在有可能拿到冠军的人的最大编号是多少？

【Input】

第一行输入一个整数 t（$0<t<101$），表示有 t 组测试数据；

接下来的 t 行，每行有两个正整数 n 和 k（$0<n<11$，$0<k\leqslant 2n$）。

【Output】

输出可能拿到冠军的人的最大编号。

【Sample Input】

2

1 1

3 2

【Sample Output】

2

6

10.3.13 自然数拆分问题

（**题目来源**：JLOJ2533）

【Description】

给定自然数 n，将其拆分成若干自然数之和，即 $n=n_1+n_2+\cdots+n_k$，其中 $n_1\geqslant n_2\geqslant\cdots\geqslant n_k\geqslant 1$，$k\geqslant 1$。自然数 n 的这种表示称为自然数 n 的拆分。

求自然数 n 的不同拆分的个数。注意，相同数字的不同排列算一组解。

例如，自然数 3 有如下 3 种不同的划分。

3=3；

3=2+1；

3=1+1+1。

【Input】

第一行是测试数据的数目 M（$1\leqslant M\leqslant 10$）；

以下每行均包含一个自然数 n（$1\leqslant n\leqslant 10$）。

【Output】

输出每组测试数据有多少种拆分方法。

【Sample Input】

1

6

【Sample Output】

11

10.3.14 集卡片赢大奖

（**题目来源**：JLOJ2534）

【Description】

小时候你一定曾经为收集一套三国人物的卡片而买过不少零食吧？这些零食的袋子里一般都会有一张卡片，如果你能收集一整套卡片，就可以去兑奖了，结果是你虽然买了不少零食，却怎么也集不齐一套卡片。

为了简单起见，假设每包零食都会有且只有一张卡片，而每种卡片的数量相等并且都有无穷多张，那么平均来说收集一套 n 张卡片，需要买多少包这样的零食？

【Input】

第一行是测试数据组数 M（$1 \leqslant M \leqslant 10$）。以下每行一个整数 n（$1<n<10^9$）。

【Output】

每个结果占一行，四舍五入为整数。

【Sample Input】

3

1

5

999999999

【Sample Output】

1

11

21300481480

10.3.15 括号匹配问题

（题目来源：JLOJ2535）

【Description】

已知由圆括号和方括号组成的字符串，请检查其中的括号是否配对。

【Input】

第一行输入一个正整数 N（$0<N \leqslant 100$），表示有 N 组测试数据；

下面的 N 行输入 N 组字符串 S（S 的长度小于 10000，且 S 不是空串），且保证 S 中只含有“[”“]”“(”“)”4 种字符。

【Output】

每组输出占一行，如果该字符串中所含的括号是配对的，则输出 Yes，否则输出 No。

【Sample Input】

3

[()])

(())}

([[]()])

【Sample Output】

No

No

Yes

10.4 小　结

采用构造法解题，就是构造数学模型解决问题。在竞赛中，它的应用十分广泛。构造恰当的模型或方法，能使问题的解决变得简洁、巧妙。

构造法不像回溯法、枚举法等有固定的模式可套用，它完全需要依据实际情况进行状态分析、构图分析等做抽象性处理，这通常需要有良好的数学功底、创造性思维能力和严谨的科学精神等。

直接构造问题答案属于针对个别问题本身，通过题目特有性质进行的简单构造，这类题目比较简单。而利用复杂的数学模型，通过探索规律用数学思想建立模型，则需要有良好的数学基础和抽象思维能力。

第11章 动态规划法

11.1 算法设计思想

动态规划（Dynamic Programming）是运筹学的一个分支，是求解决策过程最优化的数学方法之一。

动态规划处理的对象是针对多阶段决策问题。多阶段决策问题，是指一类特殊的活动过程，问题可以分解成若干个相互联系的阶段，在每个阶段都要做出决策，形成一个决策序列，该决策序列也称为一个策略。每次决策依赖于当前状态，随即又引起状态的转移，决策序列（策略）都是在变化的状态中产生出来的，故有“动态”的含义。所以，这种多阶段最优化决策解决问题的过程称为动态规划。

对于每个决策序列，可以在满足问题的约束条件下用一个数值函数（即目标函数）来衡量该策略的优劣。多阶段决策问题的最优化目标是获取导致问题最优值的最优决策序列（最优策略），即得到最优解。

动态规划自问世以来，在经济管理、生产调度、工程技术和最优控制等方面得到了广泛的应用，如最短路径、库存管理、资源分配、设备更新、排序、装载等问题。用动态规划方法比用其他方法求解更方便。虽然动态规划主要用于解决以时间划分阶段的动态过程的优化问题，但是一些与时间无关的静态规划（如线性规划、非线性规划），只要人为引进时间因素，把它视为多阶段决策过程，也可以用动态规划方法方便地求解，因此研究该算法具有很强的实际意义。

动态规划算法通常用于求解具有某种最优性质的问题。适合采用动态规划法求解的问题，经分解得到的各个子问题往往不是相互独立的。在求解过程中，将已解决的子问题的解进行保存，需要时可以轻松找出，这样就避免了大量无意义的重复计算，从而降低了算法的时间复杂度。如何保存已解决的子问题的解呢？通常采用表的形式，即在实际求解过程中，一旦某个子问题被计算过，不管该问题以后是否用得到，都将其计算结果填入该表，需要的时候就从表中找出该子问题的解，具体的动态规划算法多种多样，但它们具有相同的填表格式。

适用动态规划策略解决的问题具有以下 3 个性质。

（1）最优化原理（也称最优子结构）：如果问题的最优解包含的子问题的解也是最优的，就称该问题具有最优子结构，即满足最优化原理。

（2）无后向性（也称无后效性）：即某阶段状态一旦确定，就不受这个状态以后决策的影响。也就是说，某状态以后的过程不会影响以前的状态，只与当前状态有关，这种特性被称为无后向性。

（3）重叠子问题：即子问题之间是不独立的，一个子问题在下一阶段决策中可能被多次使用到。对有分解过程的问题还表现在：自顶向下分解问题时，每次产生的子问题并不总是新问题，有些子问题会反复出现多次。

动态规划算法的一般求解步骤如下。

（1）分段：把所求的最优化问题分成若干个阶段，即将原问题分解为若干个相互重叠的子问题，找出最优解的性质，并刻画其结构特性。

（2）分析：将问题各个阶段所处不同的状态表示出来，确定各个阶段状态之间的递推关系（即动态规划函数的递推式），并确定初始条件。分析归纳出各个阶段状态之间的转移关系是应用动态规划的关键。

（3）求解：利用递推式自底向上计算，求解最优值。递推计算最优值是动态规划算法的实施过程。

（4）构造最优解：根据计算最优值时得到的信息构造最优解。构造最优解就是具体求出最优决策序列。

11.2　典型例题

11.2.1　数塔问题

（**题目来源**：JLOJ2387）

1. 问题描述

【Description】

图 11-1 是一个数塔，从顶部出发在每一个结点可以选择向左走或向右走，一直走到底层，要求找出一条路径，使路径上的数值和最大。

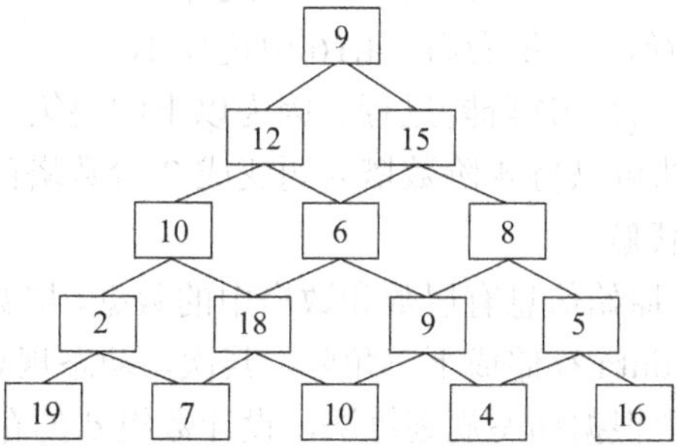

图 11-1　数塔

【Input】

第一行是一个整数 N（$1 \leqslant N \leqslant 100$），表示数塔的高度，接下来用 N 行数字表示数塔，其中第 i 行有 i 个整数，且所有的整数均在区间[0,99]内。

【Output】

输出可能得到的最大和。

【Sample Input】

5

7

3 8

8 1 0

2 7 4 4

4 5 2 6 5

【Sample Output】

30

2. 问题分析

数塔问题与之前的贪心法要求相似，不妨先用贪心法尝试对该问题进行求解。易发现这个问题用贪心法不能保证找到真正的最大和。以图 11-1 为例，用贪心策略，无论是自上而下，还是自下而上，每次向下都选择较大的一个数移动，则路径和分别为：

9+15+8+9+10=51（自上而下）；

19+2+10+12+9=52（自下而上）；

都得不到真正的最优解，真正的最大和是：

9+12+10+18+10=59

故放弃利用贪心法求解本题，下面利用动态规划来求解。

从数塔问题的特点看，易发现解决问题的阶段划分应该是自下而上逐层决策。不同于贪心策略的是，利用动态规则方法做出的不是唯一的决策，第一步对于第五层的 8 个数据，应作如下 4 次决策：

对经过第四层 2 的路径，在第五层的 19,7 中选择 19；

对经过第四层 18 的路径，在第五层的 7，10 中选择 10；

对经过第四层 9 的路径，在第五层的 10,4 中选择 10；

对经过第四层 5 的路径，在第五层的 4,16 中选择 16。

这是一次决策过程，也是一次降阶过程。因为以上的决策结果将 5 阶数塔问题转换成 4 阶子问题，用同样的方法可以将 4 阶数塔问题变成 3 阶数塔问题……最后得到的 1 阶数塔问题即为整个问题的最优解。

首先，存储原始信息。原始信息有层数和数塔中的数据，层数用一个整型变量 n 存储，数塔中的数据用二维数组 data 存储成下三角阵。其次，动态规划过程存储，使用二维数组 d 存储各阶段的决策结果。根据动态规划算法，设计数组 d 的存储内容如下：

d[n][j]=data[n][j]　　(j=1, 2, ⋯, n)

当 i=n–1, n–2,⋯, 1；j=1, 2, ⋯, i 时

d[i][j]=max(d[i+1][j],d[i+1][j+1])+data[i][j]

最后，d[1][1]即为此问题的结果。

为了提高算法的时间效率，可以在动态规划的过程中同时记录每一步决策选择数据的方向，这又需要使用一个二维数组。为了简化算法，最好用一个三维数组 a 存储所有的数据信息，即用 a[][][1]代替数组 data，用 a[][][2]代替数组 d，用 a[][][0]记录求解路径。其

中 a[][][0]=0 表示向下（在数塔中是向左）“走”，a[][][0]=1 表示向右“走”。

3. 参考程序

```
#include "stdio.h"
#define N 50
int  a[N][N][3];
int n;
void operate()                                  /*实现数塔求解算法*/
{
    int i,j;
    for(i=n-1; i>=1; i--)
        for(j=1; j<=i; j++)
            if(a[i+1][j][2]>a[i+1][j+1][2])
                a[i][j][2]=a[i][j][2]+a[i+1][j][2];
            else
            {
                a[i][j][2]=a[i][j][2]+a[i+1][j+1][2];
                a[i][j][0]=1;
            }
}
int main()
{
    int i,j;
    scanf("%d",&n);
    for(i=1; i<=n; i++)
        for(j=1; j<=i; j++)
        {
            scanf("%d",&a[i][j][1]);
            a[i][j][2]=a[i][j][1];
            a[i][j][0]=0;
        }
    operate();
    printf("%d\n",a[1][1][2]);
    return 0;
}
```

11.2.2 矩阵连乘问题

（*题目来源*：JLOJ2388）

1. 问题描述

【Description】

给定 n 个矩阵 $\boldsymbol{A}_1$，$\boldsymbol{A}_2$，…，$\boldsymbol{A}_n$，其中，$\boldsymbol{A}_i$ 与 $\boldsymbol{A}_{j+1}$ 是可乘的，i=1，2，…，n–1。确定矩阵连乘的运算次序，使计算这 n 个矩阵的连乘积 $\boldsymbol{A}_1\boldsymbol{A}_2\cdots\boldsymbol{A}_n$ 时总的元素乘法次数达到最少。

例如，3 个矩阵 $\boldsymbol{A}_1$，$\boldsymbol{A}_2$，$\boldsymbol{A}_3$，阶分别为 10×100、100×5、5×50，计算连乘积 $\boldsymbol{A}_1\boldsymbol{A}_2\boldsymbol{A}_3$ 时按（$\boldsymbol{A}_1\boldsymbol{A}_2$）$\boldsymbol{A}_3$ 所需的元素乘法次数达到最少，为 7500 次。

【Input】

有若干种案例，每种两行，第一行是一个非负整数 n，表示矩阵的个数，n=0 表示结束。接着有 n 行，每行为两个正整数，表示矩阵的维数。

【Output】

对应输出最小的乘法次数。

【Sample Input】

```
 4
 5   20
20   50
50    1
 1  100
 0
```

【Sample Output】

```
1600
```

2. 问题分析

众所周知，$p \times q$ 阶与 $q \times r$ 阶的两个矩阵相乘时，共需 $p \times q \times r$ 次乘法，且多个矩阵进行相乘运算时满足结合律。例如，以下 4 个矩阵相乘。

$$\boldsymbol{M} = \boldsymbol{M}_1 \times \boldsymbol{M}_2 \times \boldsymbol{M}_3 \times \boldsymbol{M}_4$$

$$[5\times20] \quad [20\times50] \quad [50\times1] \quad [1\times100]$$

如果按（($\boldsymbol{M}_1 \times \boldsymbol{M}_2$）$\times \boldsymbol{M}_3$）$\times \boldsymbol{M}_4$ 的次序，即按从左到右的次序相乘，共需进行

$$5000 + 250 + 500 = 5750$$

次乘法。如果按 $\boldsymbol{M}_1\times(\boldsymbol{M}_2\times(\boldsymbol{M}_3\times\boldsymbol{M}_4))$的次序，即按从右到左的次序相乘，则需进行

$$5000 + 100\,000 + 10\,000 = 115\,000$$

次乘法。如果按$(\boldsymbol{M}_1\times(\boldsymbol{M}_2\times\boldsymbol{M}_3)\times\boldsymbol{M}_4)$的次序相乘，只需做

$$1000 + 100 + 500 = 1600$$

次乘法。由此可见，不同顺序的矩阵相乘运算，虽然运算结果相同，但所做的乘法次数差距却很大。为找到不同组合方式下矩阵相乘的最少乘法次数，如果用枚举法，当 n 很小时，还可胜任，但是当 n 较大时，算法的复杂程度就太大了。

通过这个例子，验证了前面分析的结果：该问题不能分解为独立的子问题，且不容易枚举所有的可能解，只能用动态规划法设计算法。

首先从最小的子问题开始求解此问题，即 2 个矩阵相乘的情况，然后尝试 3 个矩阵相乘的情况，即尝试所有 2 个矩阵相乘后结合第三个矩阵方式，从中找到乘法运算最少的结合方式……最后得到 n 个矩阵相乘所用的最少的乘法次数及结合方式。

1）阶段划分

由以上的问题分析，可以想到用动态规划法求 n 个矩阵连乘问题，其阶段是以相乘的矩阵个数来划分的。

初始状态为 1 个矩阵相乘的计算量为 0；

第二阶段，计算两个相邻矩阵相乘的计算量，共 n–1 组；

第三阶段，计算两个相邻矩阵相乘的结果与第三个相邻矩阵相乘的计算量，n–2 组；

……

最后一个阶段，是 n 个相邻矩阵相乘的计算量，共 1 组，也就是问题的解。

2）阶段决策

用前面的例子，实现算法各阶段决策过程如下：

记 $\boldsymbol{M}_i \times \boldsymbol{M}_{i+1} \times \cdots \times \boldsymbol{M}_j$ 乘法次数为 m_{ij}，矩阵大小分别为：$\boldsymbol{M}_1$ 为 $r_1 \times r_2$，$\boldsymbol{M}_2$ 为 $r_2 \times r_3$，$\boldsymbol{M}_3$ 为 $r_3 \times r_4$，$\boldsymbol{M}_4$ 为 $r_4 \times r_5$,则 r_1，r_2，r_3，r_4，r_5 分别为 5，20，50，1，100。

计算结果如下：

$m_{11}=0$	$m_{12}=5000$	$m_{13}=1100$	$m_{14}=1600$
	$m_{22}=0$	$m_{23}=1000$	$m_{24}=3000$
		$m_{33}=0$	$m_{34}=5000$
			$m_{44}=0$

① 先计算两个相邻矩阵相乘，共有 3 种情况：

$m_{12}=r_1 \times r_2 \times r_3=5000$，$m_{23}=r_2 \times r_3 \times r_4=1000$，$m_{34}=r_3 \times r_4 \times r_5=5000$

② 再计算 3 个相邻矩阵相乘，共有 2 种情况：

$$m_{13}=\min\{m_{12}+m_{33}+r_1 \times r_3 \times r_4,\ m_{11}+m_{23}+r_1 \times r_2 \times r_4\}$$
$$=\min\{5250, 1100\}=1100$$
$$m_{24}=\min\{m_{23}+m_{44}+r_2 \times r_4 \times r_5,\ m_{22}+m_{34}+r_2 \times r_3 \times r_5\}$$
$$=\min\{3000, 105000\}=3000$$

③ 最后计算 4 个相邻矩阵相乘，只有一种情况，即所求的结果。

$$m_{14}=\min\{m_{11}+m_{24}+r_1 \times r_2 \times r_5,\ m_{12}+m_{34}+r_1 \times r_3 \times r_5,\ m_{13}+m_{44}+r_1 \times r_4 \times r_5\}$$
$$=\min\{3000+10000,\ 5000+5000+25000,\ 1100+500\}=1600$$

综上，可以得到递推公式：

$$m_{ij}=\begin{cases} 0 & \text{当 } i=j \text{ 时} \\ r_{i-1} \times r_i \times r_{i+1} & \text{当 } i=j-1 \text{ 时} \\ \min\{m_{i,k}+m_{k+1,j}+r_i \times r_{k+1} \times r_{j+1}\} & \text{当 } i \leqslant k \leqslant j \quad \text{当 } i<j \text{ 时} \end{cases}$$

式中，$m_{i,k}$ 是计算 $M_i \times M_{i+1} \times \cdots \times M_k$ 的最少乘法次数，$m_{k+1,j}$ 是计算 $M_{k+1} \times M_{k+2} \times \cdots \times M_j$ 的最少乘法次数。当 $i<j$ 时，m_{ij} 是 k 在 i 和 j–1 之间，所有这三项和的可能值中的最小值。

3）记录最佳方案

在求出 n 个矩阵连乘积最少的乘法次数的同时，还要记录矩阵相乘的结合方式，即矩阵相乘的运算步骤。可以用二维数组 com[][]记录这些信息，存储使之为最小值时的 k 值。对上例有：

com[1][1]=0	com[1][2]=1	com[1][3]=1	com[1][4]=3
	com[2][2]=0	com[2][3]=2	com[2][4]=3
		com[3][3]=0	com[3][4]=3
			com[4][4]=0

由 com[1][4]=3 可知，$M_{14}=M_{13}\times M_{44}$，再由 com[1][3]=1 可知，$M_{13}=M_{11}\times M_{23}$。

用二维数组 $m[i][j]$存储计算过的 course（i，j）值，当需要再次调用 course（i，j）时，读取数组 $m[i][j]$的值就可以了，数组 $m[i][j]$应定义为一个全局变量，并且该数组的所有元素的初始值都为−1，用来鉴别是否为第一次调用 course（i，j）。通过递归函数中的第一个 if 语句，保证不进行重叠子问题的重复调用和计算，从而提高了算法的运行效率。

3. 参考程序

```
#include "stdio.h"
int r[50],com[50][50];
int m[50][50];
int course(int i,int j)                          /*求解矩阵连乘问题*/
{
    int u,t;
    int k;
    if(m[i][j]>=0)
       return m[i][j];
    if(i==j)
       return 0;
    if(i==j-1)
    {
       com[i][i+1]=i;
       m[i][j]=r[i]*r[i+1]*r[i+2];
       return m[i][j];
    }
    u=course(i,i)+course(i+1,j)+r[i]*r[i+1]*r[j+1];
    com[i][j]=i;
    for(k=i+1; k<j; k++)
    {
       t=course(i,k)+course(k+1,j)+r[i]*r[k+1]*r[j+1];
       if(t<u)
       {
          u=t;
          com[i][j]=k;
       }
    }
    m[i][j]=u;
    return u;
 }
 int main()
 {
    int n,i,j,tmp;
    while(scanf("%d",&n)&&n!=0)
    {
       for(i=1; i<=n; i++)
```

```
        {
            scanf("%d%d",&r[i],&tmp);
        }
        r[i]=tmp;
        for(i=1; i<=n; i++)                          /*初始化数组 m*/
            for(j=1; j<=n; j++)
                m[i][j]=-1;
        printf("%d\n",course(1,n));
    }
    return 0;
}
```

11.2.3 最长公共子序列问题

（题目来源：JLOJ2389）

1. 问题描述

【Description】

$(z_1, z_2, \cdots, z_k)$是序列$X=(x_1, x_2, \cdots, x_m)$的子序列，当且仅当存在严格的序列$(i_1, i_2, \cdots, i_k)$，使得$j=1, 2, \cdots, k$，有$x_{ij}=z_j$。例如，$Z=(a, b, f, c)$是$X=(a, b, c, f, b, c)$的子序列。

现在给出两个序列 X 和 Y，找到 X 和 Y 的最长公共子序列，也就是找到一个最长的序列 Z，使得 Z 既是 X 的子序列，也是 Y 的子序列。

【Input】

多组测试数据，每组一行，包含两个字符串。每个字符串长度不大于 1000。

【Output】

每组测试数据输出一个整数，表示最长公共子序列长度。每组结果占一行。

【Sample Input】

abcfbc　abfcab
programming　contest
abcd　mnp

【Sample Output】

4
2
0

2. 问题分析

如果用字符数组 s1、s2 存放两个字符串，用 $s1[i]$表示 s1 中的第 i 个字符，用 $s2[j]$表示 s2 中的第 j 个字符（字符标号从 1 开始，不存在“第 0 个字符”），用 $s1_i$ 表示 s1 的前 i 个字符构成的子串，$s2_j$ 表示 s2 的前 j 个字符构成的子串，MaxLen（i，j）表示 $s1_i$ 和 $s2_j$ 的最长公共子序列的长度，那么递归关系如下：

```
if(i==0||j==0)
```

```
    MaxLen(i,j)=0;
                /*两个串有一个是空串，那么它们的最长公共子序列长度为 0*/
else if(s1[i]==s2[j])
        MaxLen(i,j)=MaxLen(i-1,j-1)+1;
    else
        MaxLen(i,j)=Max(MaxLen(i,j-1),MaxLen(i-1,j));
```

这里，MaxLen(i, j)=Max(MaxLen(i, j–1), MaxLen(i–1, j))这个递归关系需要证明一下。用反证法来证明，MaxLen(i, j)不可能比 MaxLen（i，j–1）和 MaxLen（i–1，j）都大。先假设 MaxLen(i, j)比 MaxLen(i–1, j)大。如果是这样的话，那么一定是 $s1[i]$起作用了，即 $s1[i]$是 $s1_i$ 和 $s2_j$ 的最长公共子序列里的最后一个字符。同样，如果 MaxLen(i, j)比 MaxLen(i, j–1)大，也能够推导出，$s2[j]$是 $s1_i$ 和 $s2_j$ 的最长公共子序列里的最后一个字符。即如果 MaxLen(i, j)比 MaxLen(i，j–1)和 MaxLen(i–1，j)都大，那么，$s1[i]$应该和 $s2[j]$相等。但这与应用本递归关系的前提：$s1[i] \neq s2[j]$是矛盾的。因此，MaxLen(i, j)不可能比 MaxLen(i, j–1)和 MaxLen(i–1，j)都大。MaxLen(i, j)当然不会比 MaxLen(i，j–1)和 MaxLen(i–1，j)中的任何一个小，因此，MaxLen(i, j)=Max（MaxLen(i，j–1)，MaxLen(i–1，j)）必然成立。

显然，本题的状态是 $s1$ 中的位置 i 和 $s2$ 中的位置 j。“值”就是 MaxLen(i, j)。状态数目就是 $s1$ 长度和 $s2$ 长度的乘积。可以用一个二维数组来存储各个状态下的值。本问题的两个子问题和原问题形式完全一致，只不过规模小了一点。

3. 参考程序

```
#include "stdio.h"
#include "string.h"
#define MAX_LEN 1000
int i,j;
int nLength1,nLength2,nLen1,nLen2;
char sz1[MAX_LEN];                              /*字符串 1*/
char sz2[MAX_LEN];                              /*字符串 2*/
int aMaxLen[MAX_LEN][MAX_LEN];
void fun()                                      /*求最长公共子序列的长度算法*/
{
    for(i=1; i<=nLength1; i++)
    {
        for(j=1; j<=nLength2; j++)
        {
            if(sz1[i]==sz2[j])
                aMaxLen[i][j]=aMaxLen[i-1][j-1]+1;
            else
            {
                nLen1=aMaxLen[i][j-1];
                nLen2=aMaxLen[i-1][j];
                if(nLen1>nLen2)
                    aMaxLen[i][j]=nLen1;
```

```
                else
                    aMaxLen[i][j]=nLen2;
            }
        }
    }
}
int main()
{
    while(scanf("%s %s",sz1+1,sz2+1)!=EOF)
    {
        nLength1=strlen(sz1+1);
        nLength2=strlen(sz2+1);
        for(i=0; i<=nLength1; i++)
            aMaxLen[i][0]=0;
        for(j=0; j<=nLength2; j++)
            aMaxLen[0][j]=0;
        fun();
        printf("%d\n",aMaxLen[nLength1][nLength2]);
    }
    return 0;
}
```

11.2.4 最长上升子序列问题

（题目来源：JLOJ2390）

1. 问题描述

【Description】

一个数的序列为 b_i，当 $b_1<b_2<\cdots<b_s$ 时，称这个序列是上升的。对于给定的一个序列（a_1，a_2，…，a_N），可以得到一些上升的子序列（a_{i1}，a_{i2}，…，a_{ik}），这里，$1\leqslant i_1<i_2<\cdots<i_k\leqslant N$。例如，对于序列（1, 7, 3, 5, 9, 4, 8），有它的一些上升子序列，如（1, 7），（3, 4, 8）等。这些子序列中最长的长度是 4，比如子序列（1, 3, 5, 8）。要求对于给定序列，求出最长上升子序列长度。

【Input】

第一行为 n（n<5000），表示 n 个数；第二行为 n 个数。

【Output】

输出最长上升子序列的长度。

【Sample Input】

3

1　2　3

【Sample Output】

3

2. 问题分析

如何把这个问题分解成子问题呢？经过分析，发现“求以 a_k（k=1, 2, 3, …, N）为终点的最长上升子序列的长度”是一个好的子问题——这里把一个上升的子序列中最右边的那个数称为该子序列的“终点”。虽然这个子问题和原问题形式上并不完全一样，但是只要这 N 个子问题都解决了，那么这 N 个子问题的解中，最大的那个解就是整个问题的解。

上述子问题只和一个变量（即数字的位置）相关，因此，序列中数的位置 k 就是“状态”，而“状态” k 对应的“值”就是以 a_k 作为“终点”的最长上升子序列的长度。这个问题的状态一共有 N 个。状态定义出来后，递推关系就不难想了。假定 MaxLen(k)表示以 a_k 作为终点的最长上升子序列的长度，那么：

$$\begin{cases} \text{MaxLen}(1)=1 \\ \text{MaxLen}(k)=\text{Max}\{\text{MaxLen}(i) \mid 1\leqslant i<k \text{ 且 } a_i<a_k,\ k\neq 1\}+1 \end{cases}$$

其含义是：MaxLen（k）的值，就是在 a_k 左边，“终点”数值小于 a_k，且长度最大的那个上升子序列的长度再加上 1。因为 a_k 左边任何“终点”小于 a_k 的子序列，加上 a_k 后就能形成一个更长的上升子序列。

实现的时候可以不编写递归算法，因为从 MaxLen（1）就能推算出 MaxLen（2），有了 MaxLen（1）和 MaxLen（2），就能推算出 MaxLen（3）……

3. 参考程序

```
#include <stdio.h>
#include <stdlib.h>
#define N 5001
int main()
{
    int n,i,j,s,a[N],f[N];
    for(i=0;i<N;i++)f[i]=1;
    scanf("%d",&n);
    for(i=0;i<n;i++)
    {
        scanf("%d",&a[i]);
    }
    for(i=1;i<n;i++)
    {
        s=0;
        for(j=0;j<i;j++)
        {
            if(a[j]<=a[i])
            {
                s=f[j]>s?f[j]:s;
            }
            f[i]=s+1;
        }
    }
```

```
    s=0;
    for(i=0;i<n;i++)
        s=f[i]>s?f[i]:s;
    printf("%d\n",s);
    return 0;
}
```

11.2.5 陪审团问题

（题目来源：JLOJ2391）

1. 问题描述

【Description】

在遥远的国家弗洛布尼亚，嫌犯是否有罪须由陪审团决定。陪审团是由法官从公众中挑选的。先随机挑选 n 个人作为陪审团的候选人，然后再从这 n 个人中选 m 人组成陪审团。选 m 人的方法如下：控方和辩方会根据对候选人的喜欢程度，给所有候选人打分，分值为 0～20。为公平起见，法官挑选陪审团的原则是：选出的 m 人必须满足辩方总分和控方总分之差的绝对值最小。如果有多种选择方案使得辩方总分和控方总分之差的绝对值相同，那么选辩控双方总分之和最大的方案即可。最终选出的方案称为陪审团方案。

【Input】

输入包含多组数据。每组数据的第一行是两个整数 n 和 m，n 是候选人数目，m 是陪审团人数。注意，$1 \leqslant n \leqslant 200$，$1 \leqslant m \leqslant 20$ 而且 $m \leqslant n$。接下来的 n 行，每行表示一个候选人的信息，它包含 2 个整数，先后是控方和辩方对该候选人的打分。候选人按出现的先后从 1 开始编号。两组有效数据之间以空行分隔。最后一组数据 $n=m=0$。

【Output】

对每组数据，先输出一行，表示答案所属的组号，如“Jury #1”“Jury #2”等。接下来的一行要像例子那样输出陪审团的控方总分和辩方总分。再下来一行要以升序输出陪审团里每个成员的编号，两个成员编号之间用空格分隔。每组输出数据须以一个空行结束。

【Sample Input】

```
4 2
1 2
2 3
4 1
6 2
0 0
```

【Sample Output】

```
Jury #1
Best jury has value 6 for prosecution and value 4 for defence:
2 3
```

2. 问题分析

这个题目有一定难度。当遇到求最优解的问题时，一般可以考虑用动态规划法。为叙述问题方便，下面将选择方案中的辩方总分和控方总分之差称为“辩控差”，辩方总分和控方总分之和称为“辩控和”。第 i 个候选人的辩方总分和控方总分之差记为 $V(i)$，辩方总分和控方总分之和记为 $S(i)$。现用 $f(j，k)$表示取 j 个候选人，使其辩控差为 k 的所有方案中，辩控和最大的那个方案（该方案称为“方案 $f(j，k)$”）的辩控和。并且，还规定如果没法选出 j 个人，使其辩控差为 k，那么 $f(j，k)$的值就为–1，也就称方案 $f(j，k)$不可行，本题要求选出 m 个人，那么，如果对 k 的所有可能的取值求出了所有的 $f(m，k)$（$-20\times m\leqslant k\leqslant 20\times m$），那么陪审团方案自然就很容易找到了。

问题的关键是建立递推关系。需要从哪些已知条件出发，才能求出 $f(j, k)$ 呢？显然，方案 $f(j，k)$ 是由某个可行的方案 $f(j-1，x)$（$-20\times m\leqslant x\leqslant 20\times m$）演化而来的。可行方案 $f(j-1，x)$ 能演化成方案 $f(j，k)$ 的必要条件是：存在某个候选人 i，i 在方案 $f(j-1，x)$ 中没有被选上，且 $x+V(i)=k$。在所有满足该必要条件的 $f(j-1，x)$ 中，选出 $f(j-1，x)+S(i)$ 的值最大的那个，那么方案 $f(j-1，x)$ 再加上候选人 i，就演变成了方案 $f(j，k)$。这中间需要记录一个方案中都选了哪些人。不妨将方案 $f(j，k)$ 中最后选的那个候选人的编号记在二维数组的元素 path[j][k]中。那么，方案 $f(j，k)$ 的倒数第二个人选的编号就是 path[j–1][k-V(path[j][k])]。假定最后算出方案的辩控差是 k，那么从 path[m][k]出发，就能顺藤摸瓜一步步求出所有被选中的候选人。

初始条件只能确定 $f(0,0)=0$。由此出发，一步步自底向上递推，就能求出所有的可行方案 $f(m，k)$（$-20\times m\leqslant k\leqslant 20\times m$）。

实际解题的时候，会用一个二维数组 f 来存放 $f(j，k)$ 的值。而且，由于题目中辩控差的值 k 可以为负数，而程序中数组下标不能为负数，所以，在程序中不妨将辩控差的值都加上 400，以免下标为负数导致出错，即题目描述中，如果辩控差为 0，则在程序中辩控差为 400。

3. 参考程序

```
#include "stdio.h"
#include "stdlib.h"
#include <string.h>
int f[30][1000];
int path[30][1000];                          /* 记录选了哪些人 */
int p[300];                                  /* 控方打分 */
int d[300];                                  /* 辩方打分 */
int answer[30];                              /* 存储最终方案人选 */
int compareint(const void* e1,const void* e2)  /* 问题的答案 */
{
   return *((int *) e1)-*((int *) e2);
}
int main()
{
   int i,j,k;
```

```
int t1,t2;
int n,m;
int nminp_d;
int nCaseNo;
nCaseNo=0;
while(scanf("%d%d",&n,&m)&&(n!=0||m!=0))
{
    nCaseNo++;
    for(i=1; i<=n; i++)
        scanf("%d%d",&p[i],&d[i]);
    memset(f,-1,sizeof(f));            /* 动态分配内存库函数 */
    memset(path,0,sizeof(path));
    nminp_d=m*20;
    f[0][nminp_d]=0;
    for(j=0; j<m; j++)
    {
        for(k=0; k<=nminp_d*2; k++)
            if(f[j][k]>=0)
            {
                for(i=1; i<=n; i++)
                    if(f[j][k]+p[i]+d[i]>f[j+1][k+p[i]-d[i]])
                    {
                        t1=j;
                        t2=k;
                        while(t1>0&&path[t1][t2]!=i)
                        {
                            t2-=p[path[t1][t2]]-d[path[t1][t2]];
                            t1--;
                        }
                        if(t1==0)
                        {
                            f[j+1][k+p[i]-d[i]]=f[j][k]+p[i]+d[i];
                            path[j+1][k+p[i]-d[i]]=i;
                        }
                    }
            }
    }
    i=nminp_d;
    j=0;
    while(f[m][i+j]<0&&f[m][i-j]<0)
        j++;
    if(f[m][i+j]>f[m][i-j])
        k=i+j;
    else
        k=i-j;
```

```
        printf("Jury #%d\n",nCaseNo);
        printf("Best jury has value %d for prosecution and value %d for
defence:\n",(k-nminp_d+f[m][k])/2, (f[m][k]-k+nminp_d)/2);
        for(i=1; i<=m; i++)
        {
            answer[i]=path[m-i+1][k];
            k-=p[answer[i]]-d[answer[i]];
        }
        qsort(answer+1,m,sizeof(int),compareint); /*实现排序的库函数*/
        for(i=1; i<=m; i++)
            printf(" %d",answer[i]);
        printf("\n\n");
        scanf("%d%d",&n,&m);
    }
    return 0;
}
```

11.3 实战训练

11.3.1 最少硬币问题

（**题目来源**：JLOJ2536）

【Description】

有 n 种不同面值的硬币，各硬币面值存于数组 $T[1:n]$中。现用这些面值的钱来找钱。各面值的个数存在数组 Num[1:n]中。

要求：对于给定的 $1\leqslant n\leqslant 10$、硬币面值数组、各面值的个数及钱数 m（$0\leqslant m\leqslant 2001$），编程计算找钱 m 的最少硬币数。

【Input】

输入的第一行中只有1个整数为给出的 n 值，第2行起每行2个数，分别是 $T[j]$和 Num[j]，最后一行是要找的钱数 m。

【Output】

输出计算的最少硬币数，问题无解时输出–1。

【Sample Input】

```
3
1  3
2  3
5  3
18
```

【Sample Output】

```
5
```

11.3.2　编辑距离问题

（题目来源：JLOJ2537）

【Description】

设 A 和 B 是 2 个字符串。请用最少的字符操作将字符串 A 转换为字符串 B。这里说的字符操作包括:

（1）删除一个字符。

（2）插入一个字符。

（3）将一个字符改为另一个字符。

将字符串 A 变换为字符串 B 用的最少字符操作数称为字符串 A 到 B 的编辑距离，记为 d(A,B)。试设计一个有效算法，对任给的 2 个字符串 A 和 B，计算出它们的编辑距离 d(A,B)。

【Input】

第 1 行输入字符串 A，第 2 行输入字符串 B，字符串长度小于 1000。

【Output】

输出字符串 A 和 B 的编辑距离 d(A,B)。

【Sample Input】

abcde

acefg

【Sample Output】

4

11.3.3　石子合并问题

（题目来源：JLOJ2538）

【Description】

在一个圆形操场的四周摆放着 n 堆石子。现要将石子有次序地合并成一堆。

规定每次只能选相邻的 2 堆石子合并成新的一堆，并将新的一堆石子数记为该次合并的得分。

试设计一个算法，计算出将 n 堆石子合并成一堆的最小得分和最大得分。

【Input】

输入的第 1 行是正整数 n，$1 \leqslant n \leqslant 100$，有 n 堆石子。第二行有 n 个数，分别表示每堆石子的个数。

【Output】

输出的第 1 行中的数是最小得分；第 2 行中的数是最大得分。

【Sample Input】

4

4　4　5　9

【Sample Output】

43

54

11.3.4 最小 m 段和问题

（题目来源：JLOJ2539）

【Description】

给定 n 个整数组成的序列，现在要求将序列分割为 m 段，每段子序列中的数在原序列中连续排列。如何分割，才能使这 m 段子序列的和的最大值达到最小？

给定 n 个整数组成的序列，编程计算该序列的最优 m 段分割，使 m 段子序列的和的最大值达到最小。

【Input】

输入的第 1 行中有 2 个正整数 n 和 m。正整数 n 是序列的长度；正整数 m 是分割的断数。接下来的一行中有 n 个整数。

【Output】

输出的第 1 行中的数是计算出的 m 段子序列的和的最大值的最小值。

【Sample Input】

9 3
9 8 7 6 5 4 3 2 1

【Sample Output】

17

11.3.5 最大长方体问题

（题目来源：JLOJ2540）

【Description】

一个长、宽、高分别是 m、n、p 的长方体被分割成 $m \times n \times p$ 个小立方体。每个小立方体内含一个整数。试设计一个算法，计算所给长方体的最大子长方体。子长方体的大小由它内部所含所有整数之和确定。约定：当该长方体所有元素均为负数时，输出最大子长方体为 0。

【Input】

第一行为 3 个正整数 m、n、p，其中 $1 \leqslant m \leqslant 50$，$1 \leqslant n \leqslant 50$，$1 \leqslant p \leqslant 50$，接下来的 $m \times n$ 行中每行为 p 个整数，表示小立方体中的数。

【Output】

输出的值是计算出的最大子长方体的大小。

【Sample Input】

3 3 3
0 –1 2
1 2 2
1 1 –2
–2 –1 –1

–3	3	–2
–2	–3	1
–2	3	3
0	1	3
2	1	–3

【Sample Output】

14

11.3.6　最大 k 乘积问题

（***题目来源***：JLOJ2541）

【Description】

设 I 是一个 n 位十进制整数。如果将 I 划分为 k 段，则可得到 k 个整数。这 k 个整数的乘积称为 I 的一个 k 乘积。试设计一个算法，对于给定的 I 和 k，求出 I 的最大 k 乘积。

【Input】

第 1 行中有 2 个正整数 n 和 k。正整数 n 是序列的长度；正整数 k 是分割的段数。接下来的一行中是一个 n 位十进制整数（$n \leqslant 10$）。

【Output】

输出最大 k 乘积。

【Sample Input】

3　1

512

【Sample Output】

102

11.3.7　最少费用购物问题

（***题目来源***：JLOJ2542）

【Description】

商店中的每种商品都有标价。例如，一朵花的价格是 2 元，一个花瓶的价格是 5 元。为了吸引顾客，商店提供了一组优惠商品价。优惠商品是把一种或多种商品分成一组，并降价销售。例如，3 朵花的价格不是 6 元，而是 5 元。2 个花瓶加 1 朵花的优惠价是 10 元。

试设计一个算法，计算出某一顾客所购商品应付的最少费用。

编程任务：对于给定欲购商品的价格和数量，以及优惠商品价，编程计算所购商品应付的最少费用。

【Input】

输入数据有两组。

输入的第 1 组中有 1 个整数 B（$0 \leqslant B \leqslant 5$），表示所购商品种类数。接下来的 B 行，每行有 3 个数 C、K 和 P。C 表示商品的编码（每种商品都有唯一编码），$1 \leqslant C \leqslant 999$。$K$ 表示购买该种商品的总数，$1 \leqslant K \leqslant 5$。$P$ 是该种商品的正常单价（每件商品的价格），$1 \leqslant P \leqslant 999$。

注意，一次最多可购买 5×5=25 件商品。

输入的第 2 组中有 1 个整数 S（0≤S≤99），表示共有 S 种优惠商品组合。

接下来的 S 行，每行的第一个数描述优惠商品组合中商品的种类数 j。接着是 j 个数字对（C，K），其中 C 是商品编码，1≤C≤999。K 表示该种商品在此组合中的数量，1≤K≤5。每行最后一个数字 P（1≤ P≤9999）表示此商品组合的优惠价。

【Output】

输出所购商品应付的最少费用。

【Sample Input】

2
7 3 2
8 2 5
2
1 7 3 5
2 7 1 8 2 10

【Sample Output】

14

11.3.8 最优时间表问题

（*题目来源*：JLOJ2543）

【Description】

一台精密仪器的工作时间为 n 个时间单位。与仪器工作时间同步进行若干仪器维修程序。一旦启动维修程序，仪器必须进入维修程序。如果只有一个维修程序启动，则必须进入该维修程序。如果在同一时刻有多个维修程序，则可任选进入其中的一个维修程序。维修程序必须从头开始，不能从中间插入。一个维修程序从第 s 个时间单位开始，持续 t 个时间单位，则该维修程序在第 $s+t-1$ 个时间单位结束。为了提高仪器的使用率，希望安排尽可能少的维修时间。

对于给定的维修程序时间表，计算最优时间表下的维修时间。

【Input】

输入的第 1 行中有 2 个正整数 n 和 k。n 表示仪器的工作时间单位；k 表示维修程序数。接下来的 k 行中，每行有 2 个表示维修程序的整数 s 和 t，该维修程序从第 s 个时间单位开始，持续 t 个时间单位。

【Output】

输出最优时间表下的维修时间。

【Sample Input】

15 6
1 2
1 6
4 11

8　5
8　1
11　5

【Sample Output】

11

11.3.9 矩形嵌套问题

（题目来源：JLOJ2544）

【Description】

有 n 个矩形，每个矩形可以用 a、b 描述，表示长和宽。矩形 $X(a, b)$可以嵌套在矩形 $Y(c, d)$中，当且仅当 $a<c$，$b<d$ 或者 $b<c$，$a<d$（相当于旋转 X 90°）。例如，（1, 5）可以嵌套在（6,2）内，但不能嵌套在（3,4）中。选出尽可能多的矩形排成一行，使得除最后一个外，每个矩形都可以嵌套在下一个矩形内。

【Input】

第一行是一个正整数 N（$0<N<10$），表示测试数据组数；

每组测试数据的第一行是一个正整数 n，表示该组测试数据中含有矩形的个数（$n\leq 1000$）；

随后的 n 行，每行有两个数 a、b（$0<a, b<100$），表示矩形的长和宽。

【Output】

每组测试数据都输出一个数，表示最多符合条件的矩形数目，每组输出占一行。

【Sample Input】

1
10
1　2
2　4
5　8
6　10
7　9
3　1
5　8
12　10
9　7
2　2

【Sample Output】

5

11.3.10 导弹拦截问题

（题目来源：JLOJ2545）

【Description】

某国为了防御敌国的导弹袭击，发明了一种导弹拦截系统，但这种导弹拦截系统有一个缺陷：虽然它的第一发炮弹能够到达任意高度，但是以后每发炮弹都不能高于等于前一发炮弹的高度。某天，雷达捕捉到敌国导弹来袭。由于该系统还在试用阶段，所以只用一套系统，因此有可能出现不能拦截所有导弹的情况。求最多能拦截的导弹数目。

【Input】

第一行输入测试数据组数 n（$1 \leqslant n \leqslant 10$）；

第二行输入这组测试数据共有多少个导弹 m（$1 \leqslant m \leqslant 20$）；

第三行输入导弹依次飞来的高度，所有高度值均是大于 0 的正整数。

【Output】

输出最多能拦截的导弹数目。

【Sample Input】

```
2
8
389   207   155   300   299   170   158   65
3
88   34   65
```

【Sample Output】

```
6
2
```

11.3.11 C 小加问题

（题目来源：JLOJ2546）

【Description】

C 小加有一些木棒，它们的长度和质量都已经知道，需要一个机器处理这些木棒，开启机器时需要耗费一个单位时间，如果第 i+1 个木棒的质量和长度都大于等于第 i 个处理的木棒，那么将不会耗费时间，否则需要消耗一个单位时间。因为急着去约会，C 小加要在最短的时间内把木棒处理完。试求处理这些木棒的最短时间。

【Input】

第一行是一个整数 T（$1<T<1500$），表示输入数据一共有 T 组。

每组测试数据的第一行是一个整数 N（$1 \leqslant N \leqslant 5000$），表示有 N 个木棒。接下来的一行输入 N 个木棒的 L、W（$0 < L, W \leqslant 10000$），用一个空格隔开，分别表示木棒的长度和质量。

【Output】

输出处理这些木棒的最短时间。

【Sample Input】

3

5

4 9 5 2 2 1 3 5 1 4

3

2 2 1 1 2 2

3

1 3 2 2 3 1

【Sample Output】

2

1

3

11.3.12 完全背包问题

（**题目来源**：JLOJ2547）

【Description】

完全背包定义有 N 种物品和一个容量为 V 的背包，每种物品都有无限件可用。第 i 种物品的体积是 c，价值是 w。求解将哪些物品装入背包可使这些物品的体积总和不超过背包容量，且价值总和最大。要求在背包恰好被装满时，求出背包内物品的最大价值总和。如果不能恰好装满背包，则输出 No。

【Input】

第一行：N 表示有多少组测试数据（$N<7$）；

接下来每组测试数据的第一行有两个整数 M、V。M 表示物品种类的数目，V 表示背包的总容量（$0<M\leqslant 2000$，$0<V\leqslant 50000$）；

接下来的 M 行每行有两个整数 c、w，分别表示每种物品的体积和价值（$0<c<100000$，$0<w<100000$）。

【Output】

对应每组测试数据，输出相应的结果（如果能恰好装满背包，则输出装满背包时背包内物品的最大价值总和。 如果不能恰好装满背包，则输出 No）。

【Sample Input】

2

1 5

2 2

2 5

2 2

5 1

【Sample Output】

No

1

11.3.13 分邮票问题

（题目来源：JLOJ2548）

【Description】

小珂最近收集了一些邮票，他想把其中的部分邮票给他的好朋友小明。每张邮票上都有分值，他们想把这些邮票分成两份，并且使这两份邮票的分值和相差最小（即小珂得到的邮票分值和与小明得到的邮票分值和的差值最小），现在每张邮票的分值已经知道了，他们已经分好了，你知道最后他们得到的邮票分值和相差多少吗？

【Input】

第一行只有一个整数 m（$m \leqslant 1000$），表示测试数据组数；

接下来有一个整数 n（$n \leqslant 1000$），表示邮票的张数；

然后有 n 个整数 V_i（$V_i \leqslant 100$），表示第 i 张邮票的分值。

【Output】

输出差值，每组输出占一行。

【Sample Input】

2
5
2 6 5 8 9
3
2 1 5

【Sample Output】

0
2

11.3.14 排列问题

（题目来源：JLOJ2549）

【Description】

小明十分聪明，而且擅长排列计算。

有一天，小明心血来潮想考考你，他给出一个正整数 n，序列为 1, 2, 3, 4, 5, …，n，要求排列满足以下情况：

（1）第一个数必须是 1；

（2）相邻两个数之差不大于 2。

你的任务是给出排列的种数。

【Input】

输入一个正整数 n（$n \leqslant 55$）。

【Output】

输出种数。

【Sample Input】

4

【Sample Output】

4

11.3.15 完全覆盖问题

（题目来源：JLOJ2550）

【Description】

有一天，小明在玩一种游戏——用 2×1 或 1×2 的骨牌把 $m \times n$ 的棋盘完全覆盖，但他感觉把棋盘完全覆盖有一点简单，他想能不能把完全覆盖的方法数总和求出来呢？小明能解决这个问题吗？

【Input】

有多组数据。

每组数据占一行，有两个正整数 n（$0<n<12$）、m（$0<m<12$）。

当 n、m 等于 0 时，输入结束。

【Output】

每组数据输出占一行，输出完全覆盖的种数。

【Sample Input】

```
2 2
2 3
2 4
2 11
4 11
0 0
```

【Sample Output】

```
2
3
5
144
51205
```

11.4 小　　结

动态规划法与贪心算法类似，是通过多阶段决策过程来解决问题的。每个阶段决策的结果是一个决策结果序列。这个结果序列中，最终哪一个是最优结果，取决于以后的每个阶段决策，这个决策过程称为“动态”规划法。当然，每次的决策结果序列都必须进行存储。因此，可以说“动态规划是高效率，高消费的算法”。

动态规划与递归法类似，动态规划根据不同阶段之间的状态转移，通过应用递推求得问题的最优值。这里，不能把动态规划与递推法两种算法相混淆。

动态规划算法与分治法类似，其基本思想也是将待求解问题分解成若干个子问题，但是经分解得到的子问题往往不是互相独立的。不同子问题的数目常常只有多项式量级。在用分治法求解时，有些子问题被重复计算了许多次。如果能够保存已解决的子问题的答案，而在需要时再找出已求得的答案，就可以避免大量重复计算，从而得到多项式时间算法。

应用动态规划设计求解最优化问题，根据问题最优解的特性找出最优解的递推关系（递归关系）是求解的关键。至于是应用递推，还是应用递归求取最优值，递推时是应用正推，还是应用逆推，可由设计者自己决定。一般来说，应用递推求最优值比应用递归求最优值效率要高。

应用动态规划设计求解最优化问题，当求出最优值后，如何根据案例的具体实际构造最优解，是求解的难点。构造最优解没有一般的模式可套，必须结合问题的具体实际，必要时在递推最优解时有针对性地记录若干必要的信息。

参 考 文 献

[1] 刘大有，虞强源，杨博，等．数据结构[M]．北京：高等教育出版社，2010．

[2] 滕国文，等．算法设计方法与优化[M]．北京：清华大学出版社，2013．

[3] 余勇．ACM 国际大学生程序设计竞赛知识与入门[M]. 北京：清华大学出版社，2012.

[4] 余勇．ACM 国际大学生程序设计竞赛题目与解读[M]. 北京：清华大学出版社，2012.

[5] 刘汝佳，陈锋. 算法竞赛入门经典训练指南[M]. 北京：清华大学出版社，2012.

[6] 俞经善，鞠成东. ACM 程序设计竞赛基础教程[M]. 2 版. 北京：清华大学出版社，2016.

[7] 余立功. ACM/ICPC 算法训练教程[M]. 北京：清华大学出版社，2013.

[8] With N. Algorithms+Data Structures=Programs[M]. New Jersey: Prentice-Hall. 1976.

[9] Alsuwaiyel M H. Algorithms Design Techniques and Analysis[M]. 北京：电子工业出版社，2003.

[10] Mitchell J C. Conceptsin Programming Languages（影印版）[M]. 北京：高等教育出版社，2004.

[11] Sara Baase, Allen Van Gelder. Computer Algorithms-Introduction to Design and Analysis（影印版）[M]. 北京：高等教育出版社，2001.

[12] 谭浩强. C 程序设计[M]. 4 版. 北京：清华大学出版社，2010.

[13] Thomas H Cormen，Charles E Leiserson，Ronald L.Rivest Clifford Stein. 算法导论[M]. 潘金贵，顾铁成，李成法，等译. 北京：机械工业出版社，2009.

[14] 王晓东. 计算机算法设计与分析[M]. 2 版. 北京：电子工业出版社，2006.

[15] 滕国文. 数据结构课程设计[M]. 北京：清华大学出版社，2010.

[16] 滕国文，李颖，等. 数据结构及其应用[M]. 北京：清华大学出版社，2015.

[17] 王红梅. 算法设计与分析[M]. 北京：清华大学出版社，2006.

[18] 王晓东. 算法设计与分析[M]. 2 版. 北京：清华大学出版社，2008.

[19] Savitch W. C++面向对象程序设计——基础、数据结构与编程思想[M]. 4 版. 周靖，译. 北京：清华大学出版社，2004.

[20] 李春葆. 数据结构（C 语言篇）习题与解析[M]. 北京：清华大学出版社，2000.

[21] 唐策善，李龙澍，黄刘生. 数据结构——用 C 语言描述[M]. 北京：高等教育出版社，1995.

[22] 严蔚敏，吴伟民. 数据结构（C 语言版）[M]. 北京：清华大学出版社，2006.